Schmetterlinge

Ein Portrait
von
Andrea Grill

NATURKUNDEN

NATURKUNDEN № 23
herausgegeben von Judith Schalansky
bei Matthes & Seitz Berlin

Inhalt

Bilder

Das erste überlieferte Bild der Schmetterlingsart, mit der ich den Großteil der letzten 15 Jahre verbrachte, ist ein Detail aus einem um 1490 angefertigten Gemälde, zu sehen im Prado in Madrid. Ein Vogel mit Schmetterlingsflügeln oder ein Schmetterling mit Vogelkopf erklimmt im Höllen-Flügel des *Gartens der Lüste* von Hieronymus Bosch gerade die untersten Sprossen einer Leiter, hält aber kurz inne und wendet sich einem nackten Menschlein zu, das kaum größer ist als der Schmettogel oder Vogeling und seine Hand einigermaßen verzweifelt zwischen die Beine drückt; das Tier scheint tröstend mit ihm zu sprechen. Die Flügel sind eindeutig die eines Weibchens des Augenfalters *Maniola jurtina*. Sie sind lebensecht gezeichnet, als könnte sich das Wesen im nächsten Moment in die Luft erheben. Boschs Gemälde zeigt in diesem unauffälligen Detail etwas Wesentliches über die Beziehung zwischen Mensch und Falter.

Es war einmal ein buntes Ding
ein so genannter Schmetterling.
Der flog wie alle Falter
recht sorglos für sein Alter.

Boschs Schmetterling scheint dem Menschlein, dem er sich zuwendet, etwas vorauszuhaben, wie es auch das fast fünfhundert Jahre später verfasste Gedicht von Heinz Erhardt beschreibt. Gleichzeitig ist klar, er wird nur kurz verweilen: Mit

Vogelkopf und Flügeln verspricht das Tier, auf zweifache Weise fliegen zu können – obwohl es in dem Moment, in dem wir ihm begegnen, vom Maler an den Boden geheftet ist, an den Fuß einer Leiter.

Er nippte hier – er nippte dort
und war er satt, so flog er fort.
Flog zu den Hyazinthen
und schaute nicht nach hinten.

Wir neiden dem Falter seine Unbeschwertheit. In unserer Vorstellung ist er Sinnbild für die Leichtigkeit des Lebens. Sommer. Wärme. Kaum jemand hasst Schmetterlinge. Obwohl es eine kleine Minderheit von Leuten gibt, die eine regelrechte Schmetterlingsphobie haben. Sie rennen schreiend und in tiefer Angst davon, wenn sie einen erblicken. Sie ahnen vielleicht, dass die sprichwörtliche Unbeschwertheit sich nur auf das Gewicht des Falters beziehen kann: Ein europäischer Tagfalter wiegt ungefähr 100–200 Milligramm und ist leichter als ein Salatblatt.

Wie fühlt sich ein Schmetterling? Kann er sich irgendwie fühlen? »Wie fühle ich mich?«, fragen wir Menschen uns dauernd, »Geht's mir gut?«, und gehen folglich davon aus, dass auch andere sich »fühlen«.

So kam's, daß dieser Schmetterling
verwundert war, als man ihn fing.

Erhardts Gedicht, wie gemacht für Poesiealben und dergleichen, endet dramatisch, möglicherweise tragisch. Noch wissen wir nicht, was mit dem Tier weiter geschieht. Vorerst wundert

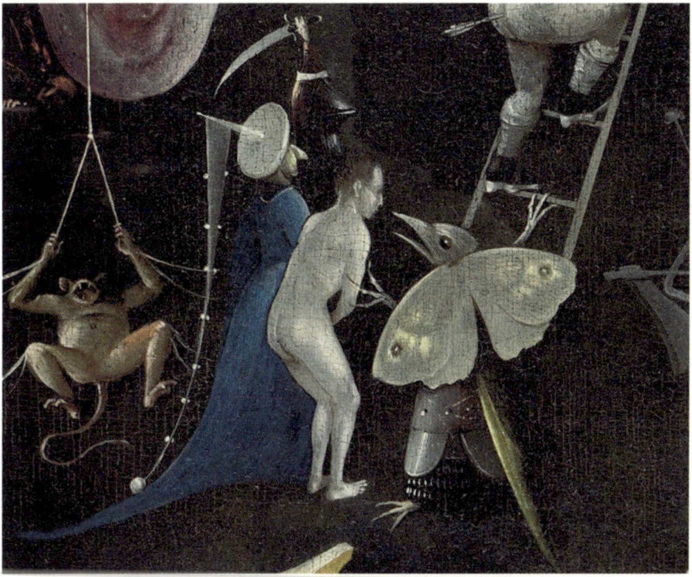

Trost für das nackte Menschlein? Detail aus dem Höllen-Flügel des Garten der Lüste *von Hieronymus Bosch um 1500.*

es sich bloß. Können Schmetterlinge sich wundern? Können sie sorglos sein, wie es in der ersten Strophe heißt? Leichtlebig, wie seine Art, sich zu bewegen, verheißt?

Ψυχή, Psyche, war das altgriechische Wort für Schmetterling, es bedeutete so viel wie Seele, Atem, Hauch. Aber hat ein Falter eine Psyche?

Einst galten Schmetterlinge als die Seelen von Toten; das war zu einer Zeit, als nur wenige wussten, dass die bunten ›fliegenden Blumen‹, wie sie ihr heutiger griechischer Name, Πεταλούδες, nennt, und die grünen Würmer, die man im Gras

Frauen werden in der Wissenschaftswelt oft unterschätzt. Die inzwischen berühmte Lepidopterologin Maria Sibylla Merian wurde für verrückt gehalten, als sie Mitte des 17. Jahrhunderts grüne Würmer im Gras zeichnete und behauptete, das seien Schmetterlinge.

findet, ein und dieselben Wesen sind. Bis Ende des 17. Jahrhunderts, und sogar darüber hinaus, kannten nur wenige, die sich eingehend damit befassten, die Metamorphosestadien der Schmetterlinge. Forscherinnen und Forscher, die sie sammelten und züchteten – wie die 1647 in Frankfurt geborene Maria Sibylla Merian, eine der berühmtesten Naturmalerinnen ihrer Zeit und bis heute für ihre detaillierten Zeichnungen von Faltern in all ihren Zustandsformen, vom Ei über die Raupe und Puppe bis zum frischgeschlüpften Falter bekannt –, galten in weiten Kreisen der Bevölkerung als verrückt oder hexenähnlich.

Doch haben Personen wie Maria Sibylla Merian viel zur Verbreitung des Wissens beigetragen, dass Insekten, zu denen die Schmetterlinge taxonomisch gehören, im Lauf ihres Lebens eine Verwandlung durchmachen, die vielzitierte Metamorphose. Weil sie einen Großteil ihrer Bücher auf Deutsch und nicht auf Latein publizierte und da diese unter anderem als Stick- und Malvorlagen für Damen gedacht waren, erreichte sie ein Publikum, dem dieses Fachwissen normalerweise verborgen blieb. In Fachkreisen wurde sie allerdings zunächst nicht sonderlich ernst genommen und galt eher als Amateurin.

Auch dass sie eine Frau war, ebnete ihr nicht gerade den Weg zur Anerkennung. Der Schmetterlingskundler und Theaterschriftsteller sowie Regisseur Georg Friedrich Treitschke schrieb im Jahr 1840 über Merian, die er, auch wenn sie zum »sanfteren, stilleren Geschlecht« gehörte, auf die ihm mögliche Art und Weise sehr schätzte:

> Auch fanden wir bei den wenigen Frauen, welche das erwähnte Studium dennoch mit Leidenschaft erfaßten,

> stets einen ausgezeichnet starken, oft bis zur Kraft des Mannes sich erhebenden, Geist und eine Beharrlichkeit im Verfolgen ihrer Zwecke, wie man sie nur ausnahmsweise bei ihnen antrifft. Mit solchen Gaben war Maria Sibylla Merian ausgerüstet …

Seinem Band *Naturgeschichte der europäischen Schmetterlinge. I. Tagfalter* stellte Treitschke ein »Bildnis« und sogar eine »Lebensbeschreibung der M. Merian« voran, veröffentlichte ihre Zeichnungen und schloss sie, zum Zeichen seiner Bewunderung, sogar in den Titel ein.

Treitschke selbst war, zusammen mit seinem Freund, dem Schauspieler Ferdinand Ochsenheimer, eine der wichtigsten Figuren der Lepidopterologie, also der Schmetterlingskunde, des 18. und 19. Jahrhunderts. Die beiden trafen sich in Leipzig, der Geburtsstadt Treitschkes, wo Ochsenheimer am Hoftheater spielte. Während Ferdinand Ochsenheimer bereits von Kindheit an großes Interesse an Schmetterlingen zeigte, wurde diese Leidenschaft bei Treitschke vor allem durch den Freund angeregt. Beiden hatte man zur Erholung von Erschöpfungszuständen frische Luft verordnet, und als sie nach Wien übersiedelten und am Hoftheater engagiert wurden, der eine als Regisseur und Bühnendichter, der andere als Schauspieler, begann eine Vielzahl von Exkursionen in die Umgebung der Stadt. Ochsenheimer reduzierte aus gesundheitlichen Gründen die Schauspielerei und setzte sich stattdessen an die Arbeit an einem mehrbändigen Werk über die *Die Schmetterlinge von Europa,* das jedoch so umfangreich war, dass es erst Jahre nach seinem Tod durch seinen Freund fertiggestellt werden konnte.

1811 bis 1814 war Treitschke neben seiner Anstellung am Hoftheater (dem heutigen Burgtheater) sogar noch Direktor des Theaters an der Wien. Beide Herren hatten (zumindest losen) Kontakt mit Johann Wolfgang von Goethe; Ochsenheimer traf auch Friedrich Schiller persönlich, der sich lobend über seine Kunst äußerte, nachdem Ochsenheimer als Schauspieler in einem seiner Stücke aufgetreten war.

Beide schrieben sie literarische Arbeiten, darunter Bühnenstücke, Singspiele, Opernlibretti, wobei Treitschkes bekannteste seinerzeit der Text zu Beethovens *Fidelio* war. Dennoch ist ihr Ruhm in der Entomologie wahrscheinlich dauerhafter als in der Theaterwelt.

Ochsenheimer ordnete ab 1817 die Schmetterlingssammlung des k. k. Hofmuseums, eine Arbeit, die sein Freund fortsetzte, als sich Ochsenheimers Gesundheitszustand verschlechterte, um sie nach dessen Tod zu vollenden. Damit schufen sie die erste systematische Übersicht zum damaligen Kenntnisstand der europäischen Schmetterlinge mit Beschreibungen ihrer Raupen, Futterpflanzen und Lebensweisen, eine Übersicht, die nicht nur Tagfalter, sondern vor allem auch die große Vielfalt der Nachtfalter umfasste.

Ich selbst stieß auf die beiden Herren in der Handschriftensammlung der Österreichischen Nationalbibliothek, die einen Großteil der Veröffentlichungen der zwei Lepidopterologen im Original besitzt wie z. B. den 1840 erschienenen Band mit den Zeichnungen Merians. Ihre Sammlungen, die zusammen weit über zehntausend Exemplare umfassen, wurden ans Ungarische Nationalmuseum in Budapest verkauft.

Bereits zweitausend Jahre vor Merian hatte ein anderer Amateur die Metamorphose der Insekten schon ziemlich genau beschrieben: Aristoteles. Auch wenn ich ihn jetzt respektvoll ›Amateur‹ nenne – denn Schmetterlinge waren nur eines von unzähligen Dingen und Problemen, mit denen er sich befasste –, war er der erste wissenschaftliche Zoologe, den wir kennen: der erste, von dem überliefert ist, dass er sich systematisch mit der Vielfalt der Organismen auseinandersetzte und versuchte, sie in Gruppen von einander ähnelnden Individuen einzuteilen. In diesem Sinn ist er der Begründer der Taxonomie, also des Systems der Einteilung der Organismen in ein Schema, das auf dem Ähnlichkeitsprinzip beruht: Elefanten sehen Seekühen ähnlicher als Mücken und sind folglich enger mit jenen verwandt als mit diesen. Auf diesem Prinzip baut die Biologie bis heute auf.

Wir ordnen Lebewesen in Gruppen von Ähnlichen ein und verpassen ihnen Namen. Und Schmetterling – was ist das für ein Name! Das Wort kommt vom ostmitteldeutschen ›Schmetten‹, süddeutsch ›Schmette‹, dem Rahm, aus dem auf Almen Butter gerührt wurde. Weil das Weiß der auf der Wiese aufgestellten Butterfässer Falter anlockte, gab man ihnen diesen Namen. Schmetterling heißt an sich Butterfliege, genau wie der englische *butterfly*.

Aristoteles hatte großes Interesse an Insekten, die er εντομα, Kerbtiere, nannte, und unterschied sie als Erster als aparte Gruppe von allen anderen Lebewesen: »Ich nenne aber εντομα alle die Wesen, die am Körper Einschnitte haben, entweder auf dem Rücken oder auf diesem und der Vorderseite ihres Kör-

Der Augsburger Jacob Hübner veröffentlichte 1785 einen Band mit Kupferstichen von Schmetterlingen und wurde als Naturforscher hochgeschätzt. Hier seine Illustration von Weibchen und Männchen des Großen Ochsenauges.

pers.« Der ›Liebhaber‹ von Insekten, Aristoteles, war im Grunde genommen der erste Entomologe. Gleichzeitig mit der Metamorphose, von der er beeindruckend viel verstand, lehrte er aber die Theorie der Urzeugung, nach der Insekten (auch) aus unbelebter Materie entstehen; zwei Gedanken, die sich (aus unserer Sicht) nicht unbedingt gut vereinbaren lassen, für ihn aber keinen Widerspruch darstellten.

Er beobachtete zwar, dass wurmartige Wesen zu einer Art Ei werden – damit meinte er die Puppe – und dass daraus der Falter schlüpft; woher die Würmer kommen, blieb ihm aber ebenso ein Rätsel, wie er auch die Verpaarung der Falter offenbar nicht beobachtet hat. In seiner Abhandlung *De generatione animalium* schreibt er:

> Es werden aber die sog. Seelen (= Schmetterlinge) aus den Raupen, die aus den grünen Blättern entstehen und am meisten aus denen des Kohls, den manche κραμβη nennen, zuerst kleiner als ein Hirsekorn ..., dann kleine Larven, die wachsen, dann im Zeitraum von drei Tagen kleine Raupen ... Danach werden sie, wenn sie ausgewachsen sind, völlig unbeweglich und verändern ihre Gestalt und werden χρυσαλλίδες genannt. Sie haben dann eine harte Hülle; wenn man sie aber berührt, bewegen sie sich ... Sie hängen sich an spinnen- webenartige Durchgänge ..., sie haben keinen Mund und keinen anderen sichtbaren Körperteil. Nach Verlauf von kurzer Zeit wird ihre Hülle zerrissen, und es kommen aus ihnen geflügelte Lebewesen, die wir Seelen nennen. Und zuerst, wenn sie Raupen sind, ernähren sie sich von Blättern (an denen sie sitzen) und scheiden noch Exkremente aus. Wenn sie aber Puppen geworden sind, fressen sie nichts mehr und geben auch keine Exkremente mehr von sich.[1]

Aristoteles' Erkenntnisse gerieten danach, vielleicht wegen der Diskrepanzen, die sie enthielten, wieder in Vergessenheit, jedenfalls drangen sie nicht zu weiten Teilen der Bevölkerung durch und wurden erst ab der Renaissance neu entdeckt.

Das Wissen um die Metamorphose der Insekten ist also keineswegs trivial. Ebenso wenig trivial ist die Frage, ob Schmetterlinge sorglos sein können. So wirken sie vielleicht auf einen menschlichen Betrachter, und aus der Betrachtung folgt der zweite Vers in Heinz Erhardts eingangs zitiertem Gedicht. Aber sind sie es?

Jeder Gedanke über Tiere, die uns so unähnlich sind wie Insekten, ruft in einem Wissenschaftler mehr Fragen als Antworten hervor. Auch mir ging es während der letzten fünfzehn Jahre, die ich unter der Obhut des von Hieronymus Bosch so schön dargestellten Augenfalters *Maniola jurtina,* zu deutsch Ochsenauge, verbrachte, nicht anders.

Maria Sibylla Merian zeichnete Schmetterlinge in allen Metamorphosestadien inklusive Futterpflanze. Diesen südamerikanischen Pfauenspinner beobachtete sie auf Bitterorangen.

Begegnungen

Meine erste Begegnung mit Schmetterlingen hatte ich nicht, wie das oft von anderen Forschern überliefert wird, als Kind. Als Kind interessierten mich Insekten nicht. Als Kind mochte ich, was die meisten Kinder mögen, einen Hund, eine Katze, einen Fisch, einen Vogel. Über Schmetterlinge dachte ich gar nicht nach, nicht einmal Käfer sammelte ich. Um die Schmetterlinge einer näheren Betrachtung zu unterziehen, musste ich 22 Jahre alt werden, und es war keine Liebe auf den ersten Blick.

Wie wird eine junge Frau Schmetterlingsforscherin? Maria Sibylla Merian fing im Alter von elf Jahren an, Käfer und Schmetterlinge zu malen, fertigte hervorragende Kupferstiche an und züchtete gleichzeitig Seidenraupen. In ihrem Alterswerk *Metamorphosis insectorum Surinamensium*[2], einem Kompendium, das ihre Forschungen über die Insekten der damaligen holländischen Kolonie Suriname zusammenfasste, schrieb sie einleitend:

> Ich habe mich von Jugend an mit der Erforschung der Insekten beschäftigt. Zunächst begann ich mit Seidenraupen in meiner Geburtsstadt Frankfurt am Main. Danach stellte ich fest, dass sich aus anderen Raupenarten viel schönere Tag- und Eulenfalter entwickelten als aus Seidenraupen. Das veranlasste mich, alle Raupenarten zu sammeln, die ich finden konnte, um ihre Verwandlung zu beobachten.

> Ich entzog mich deshalb aller menschlichen Gesellschaft und beschäftigte mich mit diesen Untersuchungen.

Vladimir Nabokov war ein leidenschaftlicher Lepidopterologe, von dem man erzählt, er habe sich noch als berühmter Romancier nichts mehr gewünscht, als Kurator der entomologischen Sammlungen in einem Museum zu werden. Von ihm ist überliefert, seine Mutter habe ihm, als er von einer langwierigen Kinderkrankheit genas, einen Band über die »Schuppenflügler des Russischen Reichs« geschenkt. Für ihn begann damit eine lebenslange Leidenschaft für seltene Schmetterlinge. Er beschrieb im Laufe seines Lebens mindestens zwanzig Schmetterlingsarten, fertigte Zeichnungen von ihnen an und fabrizierte auch zahlreiche Bilder von erfundenen Faltern, eines davon für seine Frau Vera, die bei ihrer ersten Begegnung offenbar eine Harlekinmaske getragen hat. Veras Falter nannte er *Arlequinus arlequinus,* nicht ohne auf der Zeichnung mit einem Symbol zu kennzeichnen, dass es sich bei dem Abgebildeten um ein Männchen handelte.

Wie wurde ich nun Schmetterlingsforscherin? Es begann damit, dass ich einem Professor an der Universität Salzburg, wo ich studierte, eröffnete, ich wolle für meine Abschlussarbeit an Delfinen forschen. Er wiegte seinen Kopf relativ unbeeindruckt von links nach rechts und sagte zuerst einmal nichts. Oder an Fischottern, fuhr ich fort. Ich hatte dafür schon Kontakte aufgenommen und italienische Flussläufe identifiziert, entlang derer man Otter aufspüren könnte. Nach wie vor wirkte der Professor nicht begeistert. Sein Fachgebiet waren Schwebfliegen, eine schwierige Gruppe; Tiere, die sich unheimlich ähneln,

Vladimir Nabokov erfand zu besonderen Gelegenheiten besondere Schmetterlinge. Diesen Arlequinus *widmete er seiner Frau Vera.*

zu deren Bestimmung man notwendigerweise ein Mikroskop benötigt und die nur eine Handvoll Experten wirklich auseinanderhalten können.

»Jedenfalls will ich an etwas arbeiten, das man ohne Hilfsmittel gut sieht«, sagte ich.

Er nickte etwas entgegenkommender und setzte dann an, mir zu erläutern, warum Säugetiere sehr undankbare Studienobjekte wären:

»Delfine oder Fischotter«, sagte er, »wirst du kaum je zu Gesicht bekommen, auch wenn du jahrelang daran arbeitest, du wirst sie alle paar Wochen einmal sehen und dazwischen nur auf sie warten. Wenn du an Ottern arbeitest, wirst du vor allem die Produkte ihrer Verdauung sehen, du wirst tagelang an Flüssen entlanggehen und Exkremente suchen. Ist das etwas, das dich anspricht?«

Ich gab zu, dass das nicht gerade mein Idealbild von wissenschaftlicher Forschung war.

»Dann nimm Insekten«, begann der Professor sein Forschungsgebiet anzupreisen, »Insekten sind wunderbar geeignet für eigentlich alle Fragestellungen. Vor allem, weil es so viele davon gibt.«

»Ich will aber Insekten, die man gut fotografieren kann.«

»Nimm Schmetterlinge«, entgegnete der Professor. »Schmetterlinge sind einfach zu bestimmen, artenreich, aber doch nicht zu artenreich und gute Indikatoren für einen naturnahen Lebensraum. Ich habe eine Kollegin in Griechenland, die jemanden sucht, der in einem Naturschutzgebiet Schmetterlinge kartiert. Drumherum kannst du eine Forschungsfrage für deine Abschlussarbeit entwerfen.«

Ich nickte, vielleicht nicht einmal allzu begeistert, und in dem Augenblick hatte mir der Zufall eine Karriere als Schmetterlingsforscherin in die Hände gespielt.

Warum es doch eine Liebe mit Hindernissen war, lag im Wesen dieser Wesen. In dem, was der Professor mir als ihren großen Vorteil genannt hatte. Sie waren einfach zu viele. Ich war nur eine und sollte sie zählen und vorher im Nu bestimmen, zu welcher Art sie gehörten. Als ich begann, flatterte es um mich herum, die Stechmücken surrten, kurdische Flüchtlinge bettelten um Mitfahrgelegenheit, beinlose Eidechsen huschten durchs Gras, ab und zu eine giftige Otter.

Der Ort im Norden Griechenlands, an dem ich wohnte, lag in den Rhodopen, war nur wenige Kilometer von der türkischen Grenze entfernt und nur eine halbe Stunde Autofahrt von der bulgarischen. Kurz bevor ich nach Griechenland reiste, hatte ich meinen Führerschein gemacht und ein Auto gekauft, einen roten Fiat Uno. Bei der Fahrprüfung war ich die älteste, mit 22. Der Prüfer hatte plötzlich großes Vertrauen in mich, nachdem ich ihm erklärt hatte, weshalb ich den Führerschein unbedingt benötigte. Dass ich nach Griechenland fuhr, um dort Schmetterlinge zu studieren. Er ließ mich aus der Garage hinausfahren und auf dem Steilhang der Ausfahrt anhalten, anfahren, zeigte sich angetan; draußen auf der Straße weniger, denn dort fuhr ich ihm zu langsam. »Das ist kein Fahrstil fürs zwanzigste Jahrhundert«, sagte er, weil ich nie schneller als 30 Stundenkilometer fuhr. Nachdem auch das Einparken gelungen war, hatte ich den Schein, der mich befähigte, mein neues altes Auto nach Griechenland zu chauffieren.

Ich fuhr nach Venedig, nahm dort die Fähre nach Igoumenitsa, dann sollte ich weiterfahren bis in den äußersten Nordosten des Landes, nach Dadia, in den Winkel zwischen den Grenzen zur Türkei und zu Bulgarien. Ich hatte die Telefonnummer einer griechischen Dissertantin aus Thessaloniki und die der Universitätsprofessorin, die mein Professor kannte.

Es war das Jahr 1997 und die Doktorandin, mit der ich von zu Hause aus kurz E-Mails austauschte, hatte mir geschrieben, ich solle nie anhalten und durchfahren bis Thessaloniki, denn unterwegs stünden auf dieser Strecke, die damals noch nicht ausgebaut war, sondern eine kurvige Bergstraße, die mit jedem Kilometer, den ich darauf zurücklegte, länger wurde, überall albanische und kurdische Flüchtlinge und sobald man aussteige, werde man gekidnappt und das Auto zur weiteren Flucht benutzt.

Zumindest einen Schmetterling kennt jeder: den Schwalbenschwanz.

Ich stieg nicht aus. Ich fuhr die ganze Nacht durch bis fünf Uhr morgens. Dann war ich in Thessaloniki.

»Ruf mich an, wenn du da bist, egal wann, ruf mich sofort an«, hatte die Dissertantin mir eindringlich aufgetragen. Ich nahm also, wie verabredet, von einer Telefonzelle aus Kontakt mit ihr auf. Sie nahm zu meinem großen Erstaunen sofort ab, wir vereinbarten einen Treffpunkt, und eine Stunde später befand ich mich in einem mir herrlich erscheinenden Appartement mit Blick über die Stadt und das Meer. Es gehörte ihrem Freund, und ich schlief darin die nächsten zwei Tage fast ohne Unterbrechung, bevor ich mich auf die Weiterfahrt machte.

Auch in meinem Untersuchungsgebiet, in der Nähe des Dorfs Dadia, gab es kurdische Flüchtlinge, die ich ab und zu an den Böschungen der Straßen stehen sah. Ich hätte sie gern mitgenommen, aber nachdem mich alle meine Bekannten unaufhörlich davor warnten, nahm ich nur überfahrene Schlangen mit, die ich vom Asphalt in Plastiktaschen hineinkratzte. Ich übergab sie einer Studentin aus Großbritannien, die ihre Abschlussarbeit den Schlangen des Nationalparks Dadia widmete.

Ich gestehe, als ich meine Arbeit begann, kannte ich höchstens fünf Arten, die jeder kennt: Zitronenfalter, Kohlweißling, Tagpfauenauge, Schwalbenschwanz, Admiral. Nachdem ich aber meine Tage großteils in Gesellschaft von Faltern verbrachte, änderte sich das bald. Innerhalb weniger Wochen wurde ich von einer Studentin, die auf nichts sonderlich spezialisiert war, zur Fachfrau für Schmetterlinge.

Die Leute aus dem Dorf, in dem ich wohnte, wussten: Das ist die Schmetterlingsexpertin. Sie brachten mir tote Exemplare, die sie auf dem Dachboden fanden oder welche, die sie am Vorplatz des Hauses, von ihren Autoreifen geplättet, aufgesammelt hatten.

Innerhalb weniger Wochen wuchs meine Liebe zu Schmetterlingen, nicht nur, weil sie mir, je genauer ich sie kennenlernte, immer sympathischer wurden, sondern auch, weil sie *mir* viel Sympathie einbrachten.

Als hätte ich, weil ich mich mit ihnen befasste, unversehens eine schmetterlingshafte Seele eingepflanzt bekommen und Flügel am Rücken, unsichtbar zwar, aber deshalb nicht weniger bunt, schloss man von meinen Studienobjekten auf meine eigene Natur und schrieb mir das zu, was man Faltern zuschreibt: Sie flog wie alle Falter, recht sorglos für ihr Alter.

Ich gestehe noch etwas: Auch ich war damals abgelenkt von den bunten Flügeln und vergaß die Raupen, die Puppen, die Eier. Ich vergaß sie natürlich nicht wirklich, dachte nur kaum über sie nach, konzentrierte meine Bestrebungen, die Lebensweise der Schmetterlinge zu ergründen, auf die flugfähigen adulten, die mir so offenherzig vor der Nase herumflatterten. In meinem ersten Sommer mit den Schmetterlingen dachte ich keine Sekunde daran, nach anderen Stadien zu suchen.

Begeisterung

Was interessiert uns, wenn wir an Tieren forschen? Nabokov begeisterte sich für die Teilgebiete der Lepidopterologie, die keinerlei praktischen Nutzen haben. Weder agrarwissenschaftliche noch pharmakologische Anwendungen oder gar der »Klassenkampf gegen Gemüseschädlinge«[3] interessierten ihn. In dieser Hinsicht war er ein klassischer Schmetterlingsforscher. »Lieb nur das Seltene, kostbar und erdichtet, das sich verstohlen naht des Traumes Rand, das Narrn erzürnt, das Grobheit jäh vernichtet«,[4] wie er selbst schrieb.

Wahre Lepidopterologen studieren Falter aus reinem Interesse, ja, aus Lieb(hab)e(rei), ohne Rücksicht darauf, ob diese Studien einen praktischen Nutzen für das menschliche Zusammenleben oder die menschliche Gesundheit haben. Es kann gut sein, dass sie trotzdem eines Tages etwas entdecken, das zum Beispiel die Medizin revolutionieren wird. Aber das ist nicht ihre vorrangige Intention, auch wenn sie manchmal dazu gezwungen sind, solche Intentionen heraufzubeschwören oder vorzutäuschen, um ihre Forschungen finanziert zu bekommen.

Ihr Anliegen ist schlicht und großartig. Sie streben danach, das Leben zu verstehen, seine Schönheit festzuhalten und damit zu feiern. Naturgemäß streben sie auch ein bisschen nach der eigenen Unsterblichkeit. Nämlich indem sie eine oder gar mehrere Arten entdecken und nach sich selbst oder jemandem, der ihnen nahesteht, wie ein Schriftsteller, den sie verehren, benennen dürfen.

Der Genus *Nabokovia* wurde vom britischen Entomologen Arthur Francis Hemming zu Ehren von Vladimir geschaffen. Es gibt sogar Arten unter den Bläulingen, einer Schmetterlingsfamilie, mit der Nabokov sich eingehend befasste, die nach einzelnen Charakteren seiner Romane benannt sind, so wie die in den Anden ansässige *Madeleinea lolita* nach dem Spitznamen der Protagonistin Dolores Haze aus dem Roman *Lolita*. Diesen Falter hat Zsolt Bálint vom Naturhistorischen Museum Budapest beschrieben. Bálint führt in gewisser Weise Nabokovs Arbeit fort. Nabokov selbst arbeitete jahrzehntelang als freiwilliger wissenschaftlicher Mitarbeiter am Museum of Comparative Zoology der Harvard University. Noch immer sind dort Schmetterlinge zu besichtigen, die er gesammelt hat.

Neben dem Sammeln interessiert die sogenannte professionelle Zoologin und den Zoologen (und vielleicht nicht nur die beiden) unter anderem das Aufräumen. Sie haben die Ambition, eine Ordnung in den Wirrwarr an biologischer Vielfalt zu bringen und die Frage zu klären: Wer ist wer und wer ist mit wem verwandt?

In den ersten Vorlesungen meines Studiums lernte ich Taxonomie, ich lernte sie auswendig und vergaß sie wieder.

Die Ordnung im Durcheinander der Lebewesen, die in Wäldern, auf den Feldern und in den Gewässern der Erde herumlaufen oder -schwimmen oder standhaft festgewachsen sind, ähnelt einem Regal mit Fächern und Etiketten. Analog dazu wie sie in den Museen und Sammlungen angeordnet sind, kann man sie sich auch im Kopf ordnen.

Das Tierreich ist der große Rahmen. Tiere sind Wesen, die

In Gott Cupidos Umarmung wachsen der Psyche Schmetterlingsflügel, zumindest in der Vorstellung des französischen Malers William-Adolphe Bouguereau: Le ravissement de Psyche, *1895.*

fressen müssen, um zu leben. Innerhalb dieses Rahmens existiert die Gruppe der Bilateria, der Zweiseitentiere. Sie haben ein Vorne und ein Hinten, durch das die Körperachse verläuft, und einen Mund; ihre Bewegung ist meist vorwärts gerichtet, weil sie Nahrung suchen, und zwar mit dem Kopf, in dem der Hauptteil des Nervensystems steckt. Die während der Bewegung zu Boden gerichtete Seite des Körpers wird Bauchseite genannt, dort befinden sich üblicherweise auch die Beine. Man könnte den Körper mittels eines Schnittes in zwei zueinander ungefähr spiegelbildliche Hälften teilen.

Warum Tiere symmetrisch sind, darüber gibt es zahlreiche Abhandlungen. Eine einfache Erklärung wäre, dass sie ihre Nahrung fangen (oder suchen) müssen und ihr Körper sich daher evolutionär als nach vorne gerichteter entwickelt hat: Kopf, Rumpf, Schwanz. Aus diesem Vorne und Hinten hätten sich dann auch Links und Rechts ergeben.

Vielleicht sollte ich an dieser Stelle betonen: Nichts ist sicher. Ein Wissenschaftler antwortet auf Fragen mit Hypothesen oder Theorien, die mehr oder weniger wahrscheinlich, aber nie sicher sind; er fragt folglich sein Leben lang weiter und weiter und findet daher auch immer neue Antworten. Wie alt die Zoologie als Wissenschaft auch wird – warum fast alle Tiere bilateralsymmetrisch sind, wird vermutlich niemand eindeutig erklären können.

»Warum«, sagte der Nobelpreisträger für Physik aus dem Jahr 1988, Leon Lederman, in einem Interview, ist eine Frage für »diejenigen auf der anderen Seite der Straße«. Er meinte damit: die Theologen. An der Universität, an der er lehrte, war die Theologie nämlich in dem Gebäude untergebracht, das dem der Quantenphysik genau gegenüberlag. Naturwissenschaftler, auch Zoologen, darunter Entomologen und Lepidopterologen, beschäftigen sich mit dem »wie«.

Sie beschreiben die Teile, aus denen Tiere bestehen, und ordnen sie in die Fächer, die für sie seit dem Jahr 1758 vorgesehenen sind, als Carl von Linné ihnen in seinem Buch *Systema Naturae* erstmals Namen verpasste. Diese Ordnung wurde im Laufe der Jahrhunderte mit den zunehmenden technischen Möglichkeiten und dem Boom der genetischen Untersuchungen der letzten Jahrzehnte wieder und wieder ein bisschen verändert. Doch nicht grundsätzlich.

Auch den Artnamen des Schmetterlings, mit dem ich mich vorrangig beschäftigte, hat Linné erfunden. Er nannte das Tier, das ich als *Maniola jurtina* (L.) kenne, allerdings noch *Papilio jurtina,* weil er alle Tagfalter unter der Gattungsbezeichnung *Papilio* zusammenfasste. Den Namen gibt es seit mehr als 250 Jahren, den Schmetterling seit Jahrmillionen.

Schmetterlinge gehören in den ›Stamm‹ der Gliederfüßer (Arthropoda), zu denen auch Krebstiere, Tausendfüßer und Spinnen zählen, in die ›Überklasse‹ der Sechsfüßer (Hexapoda) – weil sie sechs Beine haben –, in die ›Klasse‹ der Insekten, die ›Unterklasse‹ der Fluginsekten (Pterygota), die ›Überordnung‹ der Neuflügler (Neoptera) – weil sie ihre Flügel rückwärts auf den Hinterleib klappen können –, darin zur Gruppe der Endopterygoten – jener Insekten, deren Flügel sich innerhalb der Larve entwickeln, das sind gleichzeitig auch jene, die eine vollständige Metamorphose absolvieren –, und schließlich in die ›Ordnung‹ der Lepidoptera, aus dem Griechischen λεπίς, Schuppe, und πτερόν, Flügel. Jeder, der das weiß, findet

Augenfalter gehören zu den häufigsten Schmetterlingen; sie werden jedoch selten gesehen. Raupe und Falter sind zu gut getarnt.

sie im taxonomischen Regal oder im von den Evolutionsbiologen rekonstruierten Stammbaum des Lebens.

Dieses Regal ist recht voll besetzt. Mit fast einer Million beschriebener Arten sind Insekten die artenreichste Klasse überhaupt. Unter den Insekten wiederum sind die Schmetterlinge, mit mindestens 170 000 Arten weltweit, die zweitartenreichste Ordnung nach den Käfern. Ich schreibe *mindestens* 170 000 Arten, weil fortwährend neue Arten beschrieben werden, jedes Jahr mehrere hundert.

So eine diverse Gruppe unter einen Hut zu bringen, ist nicht ganz einfach, denn jede Schmetterlingsart hat ihren ganz persönlichen Lebensstil.

Die ersten Wochen, die ich mit den Faltern in freier Wildbahn verbrachte, kämpfte ich mit den Namen. Um Schmetterlinge zu *bestimmen,* das heißt, herauszufinden, zu welcher Art sie gehören, vergleichen Lepidopterologen sie mit Abbildungen in Büchern. Dazu musste ich sie fangen.

Technisch hat sich am Schmetterlingsfang über die letzten Jahrhunderte nichts verändert. Man braucht ein Netz mit einem relativ langen Stiel, nicht zu lang, damit man Schwung holen und rasch zuschlagen kann, nicht zu kurz, damit man den Falter erwischt, bevor er abhaut. Mein Netz hat einen ungefähr einen Meter langen Stiel, der sich wie ein Teleskop ausfahren lässt, auf die doppelte Länge, falls man ein Tier fangen will, das hoch oben auf dem Ast eines Baumes sitzt.

Es gibt diverse Varianten, einen Falter zu fangen. Die klassische ist die, das Netz ausholend zu schwingen und sobald das Tier im Netz ist oder man es im Netz wähnt, einen Rückschwung zu machen, damit die Öffnung des Netzes mit abfal-

Das Tagpfauenauge, Inachis io. *Zusammengeklappt gleicht es einem Blatt. Nur wenn es die Flügel ausbreitet, kann man ihm in die Augen sehen.*

lendem Netzgewebe geschlossen wird und der Falter nicht entschlüpfen kann, Falter sind nämlich wahre Ausbruchskünstler. Dann umfasst man das Netz mit der einen Hand und hält es zu. Mit der anderen sucht man den Falter und versucht, ihn durch den Stoff vorsichtig zu fassen zu bekommen, am besten so, dass man die zusammengeklappten Flügel zwischen Daumen und Zeigefinger hält. Man öffnet das Netz, holt das Tier mit der anderen Hand heraus, klappt vorsichtig die Flügel auf, betrachtet es und vergleicht die Musterung von Ober- und Unterseite mit den Zeichnungen im Buch. Dies geschieht so lange, bis die entsprechende Art gefunden ist. Eigentlich unproblematisch. Wäre es nicht so, dass in dem Buch, das ich verwendete und verwende, *Butterflies of Britain and Europe,* mehr als fünfhundert Arten abgebildet sind. Wie gesagt: Sie waren einfach zu viele. Während ich blätterte, flatterten um mich herum immer wieder neue Individuen, die ich auch bestimmen sollte, die auch zu diesem Standort gehörten, die mir aber entwischten, weil ich zu lange mit einem einzelnen Falter beschäftigt war.

In den ersten Tagen auf den griechischen Feldern und Waldlichtungen wollte ich schier verzweifeln.

Anfangs verstaute ich das Buch nach jedem bestimmten Falter wieder im Rucksack und nahm es wieder heraus, wenn ich einen neuen gefangen hatte. Bald wurde mir das zu mühsam und ich behielt beides in den Händen: Ich lief ganz klassisch mit dem Buch in der einen, einem Netz in der anderen Hand den Tieren hinterher. Die Schmetterlinge flatterten fröhlich (ja, so schien es mir) an mir und meinem Netz vorbei. Die Mücken stachen mich. Auch sie waren zu viele.

Dem, der das nachmachen will, sei zur Beruhigung gesagt: Nach wenigen Tagen schon waren mir alle sechs Tagfalterfamilien bekannt, die in Europa vorkommen. Und sobald dies geschafft war, ging das Blättern im Buch weitaus schneller von der Hand. Innerhalb weniger Wochen kannte ich die Arten an den für meine Studie gewählten Standorten bereits ohne Blättern, im Flug.

Um die Standorte vergleichen zu können, dachte ich mir zweihundert Meter lange Linien in die Landschaft, um die ich mir einen fünf Meter breiten und fünf Meter hohen Schlauch vorstellte: Das waren die Flächen, innerhalb derer ich alle Schmetterlinge zählte. Ich ging langsam durch den gedachten Schlauch und machte nur Striche auf meiner Liste, wenn ein

Falter vorbeiflog. Ich kehrte alle zwei Wochen zu denselben Standorten zurück, ein halbes Jahr lang.

Im Lauf der Jahreszeiten änderten sich die Arten, die entlang meiner Linien flogen, ab und zu musste ich – jetzt freute ich mich darüber, weil es Abwechslung bedeutete – mein Buch zücken, um eine Art zu bestimmen, die ich noch nie gesehen hatte.

In dem halben Jahr in den Rhodopen hatte ich ungefähr 70 Arten von Tagfaltern kennengelernt und notiert, an welchen Stellen des Nationalparks sie vorkamen. Die Frage, die ich mit dieser Arbeit beantworten wollte, war oberflächlich betrachtet recht einfach: Ist ein Gebiet, das ursprünglich zum Schutz von Raubvögeln, insbesondere Geiern, eingerichtet worden war, gleichzeitig auch sinnvoll für den Schutz anderer Tiergruppen wie beispielsweise Schmetterlingen?

Mitte der Neunzigerjahre, als ich meine Arbeit durchführte, war es üblich, bei solchen Studien relativ gut bekannte Gruppen wie Vögel und Schmetterlinge als Stellvertreter für andere, weniger gut bekannte Tierarten heranzuziehen, wobei man davon ausging, dass sie als Indikatoren funktionierten. Wenn es diesen Arten an einem Standort gut gehe, gehe es anderen Tiergruppen am selben Standort ebenfalls gut, so die Annahme.

Eine große Vielfalt an Schmetterlingsarten wurde mit einer hohen ›Gesundheit‹ des Gebiets gleichgesetzt. Das stimmt auch grundsätzlich, obwohl mittlerweile, wie bei allen Angelegenheiten, über die man mehr und mehr weiß, immer deutlicher wird, dass bei der Komplexität von Lebensräumen nur bedingt von einigen wenigen Arten auf andere geschlossen werden kann.

Zentrales Ergebnis meiner Studie war, dass die für die Raubvögel wichtigen Gebiete für Schmetterlinge weniger Bedeutung hatten, sondern es für sie eher auf die Randgebiete des Nationalparks ankam.

In einer Gegend wie der, in der ich mich befand, wo Türkei, Bulgarien und Griechenland aneinandergrenzen, hatte das sogar eine gewisse politische Bedeutung: Schmetterlinge und Vögel halten sich nicht an staatliche Grenzlinien. Die Mitarbeiter des WWF Dadia besuchten ihre Kollegen in Bulgarien, und es gab vermehrt Ansätze zur Zusammenarbeit. Das Schutzgebiet durfte nicht kleiner werden. Und behutsame menschliche Aktivitäten trugen sogar zu seinem besonderen ökologischen Wert bei.

Sogenannte traditionelle Bewirtschaftungsformen – extensiver Ackerbau, Beweidung mit kleinen Herden – erlangten dadurch wieder höheres Prestige, auch bei der ansässigen Bevölkerung. Die Leute erwogen eine Arbeit im Park als Einnahmequelle, ließen sich zu Guides ausbilden, studierten Forstwirtschaft, Biologie oder Chemie. In der Folge wurde das abgelegene Dorf Dadia wohlhabender, nicht nur durch Geld von außen – wegen der steigenden Besucherzahlen –, sondern auch im Inneren. Das Bildungsniveau stieg. Die Jugend blieb häufiger im Dorf, wo sich mehr Perspektiven ergaben, und sah ihre Chancen nicht mehr nur in der Abwanderung.

Die Erkenntnis, dass es sich hier um ein besonderes Gebiet handelte, nicht nur innerhalb Griechenlands, sondern innerhalb Europas und eigentlich auf der Erde, wirkte beruhigend auf die Menschen, die dort geboren waren. Darin besteht die politische Pufferwirkung des Nationalparks. Nach wie vor ist die Gegend bei den Griechen vor allem dafür bekannt, dass viele junge Männer während des Militärdiensts einmal in Soufli, dem nächstgrößeren Ort in der Umgebung des Parks, stationiert waren. Für einen Athener ist Soufli das Ende der Welt.

Mittlerweile steht der Nationalpark Dadia auf der Bewerberliste der UNESCO als Weltnaturerbe. So könnte die Region die internationale Bedeutung, die sie bereits einmal innehatte, zurückerhalten.

Damit kommen wir zurück zu den Lepidopteren, zum berühmtesten Schmetterling weltweit, ein Star, zumindest solange er jung ist. Die junge Maria Sibylla Merian züchtete ihn. Fast jeder hat etwas zu Hause, das von ihm gemacht wurde.

Dort, wo ich meine Arbeit an Faltern begann, kamen einst die ersten Eier des Seidenspinners, *Bombyx mori,* nach Europa. In der kleinen Stadt Soufli, am Ufer des Flusses Evros, wurde die Seidenraupe schon im 1. Jahrtausend nach Christus gezüchtet. Persische Mönche haben die Eier angeblich aus China, wo die Ausfuhr des Seidenspinners in jeglichen Stadien streng verboten war, ins Byzantinische Reich nach Konstantinopel zum Kaiser Justinian I. geschmuggelt. Daraufhin entwickelte sich in Soufli – für das Istanbul nach wie vor die geografisch nächstgelegene Großstadt ist – ein florierendes Zentrum der Seidenherstellung und des Handels. Ein Großteil der Bevölkerung lebte bis ins 20. Jahrhundert von der Seidenspinnerei.

Entlang des Flusses Evros wuchsen damals zahllose Maulbeerbäume, die Futterpflanzen der Seidenraupe. Richtige Wälder scheint es davon gegeben zu haben.

Seide ist eigentlich die Puppenhülle der Raupe. Der Faden, aus dem der Kokon besteht, wird in bis zu 300 000 Windun-

Entwicklung des Seidenspinners vom Ei bis zum Falter.

gen um den Körper gewickelt. Drei solche Fäden, miteinander versponnen, ergeben die Seidenfäden, aus denen Textilien gewoben werden.

Traditionell wurden die Tiere in breiten Regalen gehalten und bis zur Verpuppung mit Blättern gefüttert. Damit der Kokon beim Schlüpfen nicht zerreißt und der lange Faden vollständig bleibt, müssen sie, bevor sie schlüpfen, mit heißem Wasser oder Dampf getötet werden.

Im Lauf der folgenden Jahrhunderte verlor der Fluss Evros wegen der fortwährenden Regulierungen an vielen Stellen an Hinterland und an Ufervegetation. Die Maulbeerwälder verschwanden.

Auch die Erfindung von Kunstfasern trug das Ihre zur immer geringeren Bedeutung der Seidenproduktion im Gebiet um Soufli bei. Inzwischen ist die Seidenspinnerei äußerst lokal und deckt vor allem die Bedürfnisse von Touristen. Ein kleines kulturhistorisches Museum erinnert an die Glanzzeit der Seidenraupe in der Gegend.

Berührungen

Wenn ich sage, Schmetterlinge kann man ruhig vorsichtig berühren, ernte ich meist Staunen. Ich weiß nicht woher, von Eltern und Großeltern vielleicht, nährt sich die Mär, Falter würden sterben, wenn sie etwas von dem Staub auf ihren Flügeln verlieren. Dass dem nicht so ist, wird entdecken, wer mehrere Schmetterlinge im Park oder Garten betrachtet. Manche sind perfekt, ohne jeden Kratzer, wie aus dem Bilderbuch; andere sind ein wenig zerzaust, die Musterung kaum mehr zu erkennen. Wo bunte Augen waren, sind nur mehr bräunliche Flecken, das sind diejenigen, die schon einige Tage oder Wochen unterwegs sind – »auf den Flügeln«, wie die Fachleute sagen. Wieder anderen fehlt ein Stück Flügel, das sind diejenigen, die dem Angriff eines Vogels nur knapp entkommen sind.

Schon ein dreijähriges Kind kann einen Falter behutsam in die Hand nehmen. Solange es den Körper nicht zu fest drückt oder die Flügel so sehr reibt, dass sie löchrig werden, geschieht dem Tier nichts. Schmetterlinge sind robuster, als sie aussehen. Und ein Kind ist zartfühlender als ein Vogel, der nur eines im Sinn hat: den Falter zu fressen.

Eine andere Möglichkeit, einen Schmetterling herzuzeigen, ist, ihn kurz in ein Glas zu geben; bald wird er sich hinsetzen und man kann ihn in Ruhe betrachten.

»... wie alle Falter / recht sorglos für sein Alter«, schreibt Heinz Erhardt.

Will man sich vorstellen, wie es ist, Schmetterling zu sein, darf man Gedanken an Sorglosigkeit weit hinter sich lassen. Wie fühlen sie sich im Vergleich zu uns? Das ist eine Frage, die Menschen seit jeher interessiert, wenn sie mit anderen Lebewesen in Kontakt kommen. »Wie fühle ich mich?«, ist für uns eine derart zentrale Frage, dass wir uns kaum vorstellen können, dass andere, eine Raupe beispielsweise, ohne sie auskommen.

> Wie fühlt es sich denn an, ein Fisch zu sein? Die bisherigen Beweise unterstützen alle die Idee, dass es sich gar nicht anfühlt, ein Fisch zu sein. Fische leben ohne Gefühle; sie tun es einfach. Sie sind Tiere ohne Bewusstsein. Dieser Gedanke ist keineswegs häretisch. Einen Großteil unseres Lebens bewältigen wir Menschen ebenfalls unbewusst.[5]

Brian Key, der dies schrieb, ist Professor für Neurobiologie an der Universität Queensland, Australien. Seine simple Aussage scheint mir wichtig, weil sie in ihrer Einfachheit eine besondere Finesse enthält.

Sich vorstellen, was es heißt, ein Fisch zu sein, kann eigentlich nur, wer ein Fisch ist. Sich vorzustellen, ein Schmetterling zu sein, ähnelt dem Versuch, sich vorzustellen, in einem 4-, 7- oder x-dimensionalen Raum zu leben. Es ist so weit von unserer täglichen Erfahrung entfernt, dass es nur gelingen kann, wenn man Modelle bildet, die von dieser Erfahrung ausgehen. Das Modell eines 4-dimensionalen Dings kann, zum Beispiel, aus Scheiben eines 3-dimensionalen Dings bestehen, der zeitlich verschoben angeordnet wird. Damit ist es zwar nicht wirklich 4-dimensional, aber es erlaubt uns eine gedankliche Annäherung an vier Dimensionen.

Ein Schmetterling zu sein, egal in welchem Stadium, sei es als Raupe, Puppe, Falter, bedeutet, jede Sekunde mit dem Tod zu rechnen. Ein Insekt rechnet naturgemäß nicht, aber damit rechnet es doch.

Das ist ein grundlegender Unterschied zwischen uns und den Schmetterlingen.

Wir wissen, dass wir sterben werden, wir wissen jedoch auch, aus Erfahrung, dass die Wahrscheinlichkeit, dass wir heute sterben, gering ist. Ein Leben, in dem wir bei jedem Atemzug den Tod erwarten, ist für uns unlebbar.

Ein Schmetterling lebt genau so. Er weiß weder von Tod noch von Wahrscheinlichkeiten noch davon, dass er etwas an seine Nachkommen vererbt. Er entflieht, schneller als wir schauen können, jedem Schatten, weil Schatten für ihn Gefressenwerden bedeuten. Ohne dass er es voraussieht, entkommt er dem Jäger.

Schmetterling sein bedeutet, spontan sein. Vielleicht ist es das, was die Dichter als Sorglosigkeit bezeichnen: ohne Plan.

Ein Schmetterling bleibt, egal wie viele Artgenossen sich neben ihm in der Sonne tummeln, und mag das Geflatter auch noch so idyllisch wirken, allein. Schmetterlinge schließen keine Freundschaften, keine Verträge, beschützen einander nicht. Kurz: Sie sind keine sozialen Wesen (wie wir). Weder warnen sie einander vor Feinden, noch trauern sie, wenn einer von ihnen einem Vogel oder einer Libelle zum Opfer fällt.

Die wichtigste Kommunikation, die Schmetterlinge untereinander betreiben, betrifft die Wahl des Männchens oder Weibchens. Diese ›Gespräche‹ führen sie nur im Falterstadium.

Als Raupen sind Männchen und Weibchen noch nicht zu unterscheiden, äußerlich zumindest nicht; erst wenn der Falter schlüpft, stellt sich das Geschlecht heraus. Der Lebensabschnitt als Falter entspricht dem, was bei Pflanzen die Blühphase ist. Da bilden sie Samen, breiten sich aus, paaren sich. Ihre griechische Bezeichnung »fliegende Blumen« ist also trefflich.

Falter führen einerseits Fluggespräche, andererseits Duftgespräche. Das Flirtverhalten einzelner Arten ist aber so unterschiedlich, dass ich hier nur von der Art erzählen kann, der ich oft zugesehen habe: den Ochsenaugen.

Die *Maniola*-Männchen sind aktive Flieger, sie patrouillieren durch ihr Revier; die Weibchen sitzen eher versteckt im Gebüsch und kommen nur heraus, um Nektar zu saugen. Geht man im Frühsommer an einen Ort, wo Ochsenaugen fliegen, z. B. zu einer Wiese am Waldrand, sieht man vor allem Männchen. Sie umkreisen einander, stellen fest, ob sie zur selben Art gehören, Männchen oder Weibchen und älter oder jünger als die oder der andere sind.

Auch wenn der Herr der aktivere Flieger ist, hat die Dame durchaus Wahlmöglichkeiten. Sie kommen einander näher, wippen mit den Flügeln, schneller und schneller, fächeln sich Duftstoffe zu, Pheromone, und erzählen auf diese Weise von sich:

Wie alt ist sie?

Wie alt ist er?

Wie gesund ist sie?

Wie gesund ist er?

Dieses »Flirten« kann einige Zeit in Anspruch nehmen, von einer halben Stunde bis zu mehreren Stunden, wenn das Wet-

Raupen auf ihren Futterpflanzen, aus Jacob Hübners Geschichte europäischer Schmetterlinge *1790*.

ter es zulässt, denn die meisten Falter und jedenfalls die Ochsenaugen sind nur bei Sonnenschein flugfähig.

Das heißt noch lang nicht, dass es nach dem Flirt notwendigerweise zur Verpaarung kommt.

Schmetterlinge sind wählerisch; steckt man ein Männchen und ein Weibchen zusammen in ein Glas, ist die Wahrscheinlichkeit, dass sie sich verpaaren, gering. Sie brauchen eine gewisse Anzahl an Individuen, aus denen sie wählen können, vermutlich auch einige männliche Kollegen, die sie zwischendurch immer wieder umkreisen und in Stimmung bringen.

Experimente, die ich im Labor durchgeführt habe, zeigen, dass der Altersunterschied innerhalb des Paars eine Rolle spielt. Wird ein Weibchen von zwei Männchen umworben, wählt es das ältere der beiden. Hat ein Männchen die Wahl zwischen zwei Weibchen, wählt es stets das jüngere, sei es auch nur eine Stunde jünger als das andere.

Wie der Schmetterling weiß wie alt sein Gegenüber ist?

Soweit ich weiß, verrät es der Duft.

Die Geburt eines Schmetterlings zu beobachten ist nicht einfach. Denn der genaue Schlupfzeitpunkt nach einer tage-, wochen- oder manchmal sogar jahrelangen Puppenruhe ist schwer vorherzusehen.

Tagfalter schlüpfen meist morgens. Doch auch ich werde immer wieder von frisch geschlüpften Tieren überrascht. Das Schlüpfen geschieht innerhalb weniger Minuten; wer einen Falter dabei beobachten will, muss also mindestens mehrere Stunden hintereinander bei der Puppe ausharren, bis es so weit ist.

Die Puppen von Tagfaltern hängen häufig an einem Ast oder dem Stängel einer Pflanze, befestigt mit einer kleinen Verankerung aus Gespinstfaden, den die Raupe bei der Verpuppung anfertigt. Bei manchen Arten liegen sie am Boden, von Blättern oder Erde verdeckt. In jedem Fall sind sie schwer zu finden.

Manches haben wir Menschen doch mit den Schmetterlingen gemeinsam; der Schlupfzeitpunkt ist hormonal gesteuert, wie der Beginn der Geburt eines Kindes.

Kennt man eine Art sehr gut, weiß man, wie die Puppe aussieht, kurz bevor der Falter schlüpft. Meist verfärbt sie sich dunkel. Bei den Ochsenaugen ist sie anfangs grasgrün wie die Raupe, wird später heller, gelblich, braungefleckt und schließlich – kurz bevor es soweit ist – dunkelbraun bis schwarz.

Vor dem Schlüpfen beginnt die Puppe, die einem Stück Holz oder einem eingerollten trockenen Blatt ähnelt und eher Ding als Lebewesen zu sein scheint, sich zu bewegen. Sie windet sich, knistert, macht kleine Rucke, bis sie an den Sollbruchstellen langsam aufbricht, oft hebt sich das Ende der Puppenhülle ab wie eine Kappe: Der Falter kriecht heraus. Beine und Kopf kommen zuerst, dann zieht das vorwärts krabbelnde Tier den Rest des Körpers nach. Die Flügel hängen noch schlaff herunter und sind kaum als solche zu erkennen.

In den folgenden Stunden ist das neue Wesen sehr verletzlich, kann nicht fliegen und muss seine Flugorgane erst ausbreiten und trocknen. Das tut es, indem es durch die in den Flügeln angelegten Adern langsam Hämolymphe – die Blutflüssigkeit der Insekten – pumpt. Das Blut von Schmetterlingen hat keine roten Blutkörperchen, weil es nicht zum Transport von Sauerstoff dient, es ist farblos. Indem sich die Adern mit Schmetterlingsblut füllen, entfalten sich die Flügel. Sind sie vollständig ausgebreitet, müssen sie mehrere Stunden lang trocknen, währenddessen trocknen auch die Gefäße aus, die ihre Funktion mit dem Aufpumpen der Flügel erfüllt haben, und versteifen zur Verstärkung der Flügel. Berühren die Flügel in dieser Phase ein Hindernis oder haben nicht genug Platz, sich zur vollen Größe auszubreiten, verkrüppeln sie oder behalten den Abdruck des Gegenstands, der die Entfaltung behindert hat.

Wie pumpt ein Schmetterling sein Blut durch seinen Körper? Schmetterlinge haben ein Herz. Es ist in der Brust angelegt, die bei Insekten Thorax genannt wird. Ein Schmetterlingsherz ist ein Schlauch aus Muskeln, die sich rhythmisch zusammenziehen und ausdehnen und dadurch die Hämolymphe durch den Körper pumpen; Ventile verhindern einen Rückfluss.

Das Herz eines Schmetterlings schlägt ungefähr doppelt so schnell wie das Herz eines erwachsenen Menschen bzw. in etwa gleich schnell wie das eines rennenden Menschen, also ungefähr 140-mal pro Minute.

Nach zwei bis drei Stunden sind die Flügel glatt und trocken, das Tier ist bereit für den ersten Flug. Der erste Flugtag ist oft schon der Tag der Partnerwahl. Bei manchen Arten paaren die Männchen sich sogar mit noch flugunfähigen schlüpfenden Weibchen, um sicher zu sein, dass sie derjenige sind, der sie entjungfert. Da sich Schmetterlingsweibchen oft mehrmals paaren, haben Männchen Strategien entwickelt, das Sperma nachfolgender Männchen unschädlich zu machen, um selbst den höchst möglichen Fortpflanzungserfolg zu haben. Wer später kommt, hat in solchen Fällen das Nachsehen.

Zitronenfalter überdauern den Winter als Adulte. Deshalb sind sie an warmen Frühlingstagen die Ersten beim Sonnenbad.

Was einen Kopf hat, bildet auch ein Zentralnervensystem aus, also ein gehirnartiges Koordinationszentrum. Schmetterlinge haben einen Kopf und darin ein Gehirn. Die Lage des Hirns im Kopf ergibt sich, Morphologen zufolge, aus dem bilateralsymmetrischen Körperbau der (meisten) Tiere. Tiere brauchen ihr Hirn vor allem, um fressen zu können. Und um sich zu vermehren.

Bedeutet, ein Hirn zu haben, auch ›denken‹ zu können? Eine echte Antwort auf diese Frage ist, denke ich, eher auf philosophische Weise zu suchen; ich probiere es dennoch zuerst mit biologischen Methoden.

»Wie viele Neuronen hat denn so ein Falter?«, fragt ein Psychologe, den ich auf einer Tagung treffe. Er untersucht die Gehirne lesender Menschen. Lesen, das immerhin ist sicher, können Schmetterlinge nicht. Die Zahl der Neuronen, also der Nervenzellen, die ein Tier besitzt, steht in Zusammenhang mit der Komplexität der Denkvorgänge, die es zustande bringt.

Ich muss nachschlagen. Ich suche und suche. Es ist nicht so einfach. Wie viele Neuronen hat ein durchschnittliches Insekt? Jede Art ist ein bisschen anders. Die Fruchtfliege *Drosophila* hat 10 000, eine Honigbiene 100 000; Schmetterlinge liegen irgendwo dazwischen.

»Ein Schmetterling hat ein Hunderttausendstel der Neuronenzahl eines Menschen«, antworte ich dem Psychologen schließlich.

»Nicht sonderlich viel«, sagt er.

»Trotzdem können Schmetterlinge lernen«, sage ich, »und sie können sogar noch fliegen, wenn ihnen jemand den Kopf abgebissen hat«. Das hängt damit zusammen, dass sie ein geteiltes Nervensystem haben, ein Teil steckt in Brust und Bauch, ein anderer Teil befindet sich hinter den Augen und an der Basis der Fühler. Anders als bei Wirbeltieren zieht sich das Nervensystem nicht über den Rücken, sondern ventral entlang des Verdauungsapparats durch den Körper. Daher fliegt ein Falter auch kopflos noch. Nicht lange, doch lang genug, um eventuell noch einige befruchtete Eier abzulegen.

Nachdem ein Schmetterling grundsätzlich auf sich allein gestellt ist, kein Sozialleben hat, keine Brutpflege kennt – jede junge Raupe muss sich selbst zurechtfinden –, hätte er, falls er dächte, nur sich allein und seine Umgebung als Denkmaterial. Zu dieser Umgebung gehören auch Sexualpartner, die der Falter, die Falterin, aber nur einmal trifft.

Wenn ich schreiben würde, Falter sind nichts anderes als ausgeklügelte Flugmaschinen, erregte das vermutlich Widerspruch; auch bei mir selbst. Doch entspricht es dem wissenschaftlichen Stand der Dinge. Sein Nervensystem erlaubt ihm zu sehen, hören, schmecken, tasten, gehen und fliegen. Er erkennt, ob ein anderer Schmetterling zur selben Art gehört oder nicht. Er weiß, dass bewegliche Schatten gefährlich sind und flieht vor ihnen.

Träumt er als Raupe davon, später einmal ein bunter Falter zu werden? Nicht nur Kinder interessiert diese Frage.

Träume in unserem Sinn hat ein Insekt nicht. Ein Schmetterling kann aber etwas viel Unwahrscheinlicheres, nämlich sich an etwas erinnern, das er als Raupe gelernt hat. Erstaunlich ist das deshalb, weil der Lebensstil eines Falters ganz anders ist als der einer Raupe. Die eine ist ein pflanzengefüllter Hautsack, der fortwährend mehr Pflanzen in sich hineinstopft, ihr einziges Ziel ist das Wachsen; der andere ist eine hochmanövrierbare Flugmaschine.

Während der Metamorphose wird das Gewebe des Tieres gänzlich umgebaut. Schneidet man eine Puppe auf, rinnt undefinierbarer Saft heraus. Fast alles, aus dem die Raupe bestand, wird im Puppenstadium zerlegt und neu zusammengesetzt, kein Muskel im Schmetterling ist der, den die Raupe besaß, auch fast alle Nervenzellen werden umgestaltet.

Der Antwerpener Künstler Jan van Kessel (1626–1679) malte Insekten mit wissenschaftlicher Genauigkeit: Insekten und Früchte.

Einige aber bleiben erhalten und speichern Erinnerungen der Raupe, wie die Forschergruppe um Martha Weiss von der Georgetown University in Washington, D.C. in einem hübschen Experiment herausfand. Douglas Blackiston, damals Doktorand, trainierte Raupen darauf, bestimmte Gerüche mit unangenehmen Begleiterscheinungen zu assoziieren. Die Tiere wurden dem Geruch ausgesetzt und dabei mit leichten Elektroschocks behandelt; nach nur acht Wiederholungen hatten die Raupen gelernt, dem Geruch zu entfliehen, um so auch den Elektroschocks zu entkommen. Dieselben Individuen wurden bis zum Falterstadium aufgezogen und dann neuerlich dem Geruch ausgesetzt. Sie vermieden ihn nach Möglichkeit. Offensichtlich erinnerten sie sich an die unangenehmen Erfahrungen, die sie als Raupe damit gemacht hatten. Douglas fand heraus, dass das Alter, in dem sich die Raupe den Geruch als negativ einprägt, entscheidend dafür ist, ob sie sich auch als Falter daran erinnert. Junge Raupen, die den Geruch innerhalb der ersten drei Lebenswochen zugeführt bekamen, vergaßen ihn später wieder; nur wenn sie damit auch noch bis kurz vor der Verpuppung trainiert wurden, blieb er ihnen im Gedächtnis.

Denken ist vielleicht etwas anderes.

Doch Schmetterlinge merken sich, was ihnen nützt. In der 2008 publizierten Studie schließen die Forscher um Martha Weiss daraus einerseits, dass gewisse Teile des Schmetterlingsgehirns während der Metamorphose erhalten bleiben. Andererseits betrachten sie ihre Ergebnisse als mögliche Erklärung dafür, wie weibliche Falter wissen, auf welche Pflanzen sie ihre Eier ablegen müssen: Sie erinnern sich an den Geruch der Nahrung, die sie als Raupe zu sich genommen haben.

Gerüche sind etwas, über das Schmetterlinge häufig ›nachdenken‹. Wären sie dazu nicht fähig, würden sie verhungern und nie einen Sexualpartner finden.

Die Bedeutung der Gerüche im Leben eines Schmetterlings ist nicht nur anekdotisch interessant, sondern durchaus von praktischem Belang für das Zusammenleben von Mensch und Falter.

Die mittlerweile in jeder Drogerie erhältlichen Pheromonfallen für Lebensmittel- oder Kleidermotten machen sich das

Wissen um die Stoffe, die auf Falter anziehend wirken, zunutze: Das Tier wird angelockt und klebt an der Folie der Falle fest.

Auch die Agroindustrie ist an der Erforschung des Schmetterlingsgehirns und daran, wie es Duftstoffe verarbeitet, interessiert. Sei es Baumwolle, seien es Tabakpflanzen – die kleinen, harmlos aussehenden Larven diverser Mottenarten verzehren diese Gewächse mit Vorliebe. Damit sind sie die ärgsten Feinde der Plantageneigentümer. Einer der praktischen Gründe für die Finanzierung der Erforschung des Insektenhirns ist demnach die Entwicklung biologischer Kontrollmechanismen für sogenannte Schädlinge, also Lepidopteren in Jugendstadien.

Pål Kvello und sein Kollege Bjarte Bye Løfaldli von der Norwegian University of Science and Technology in Trondheim sezierten im Rahmen eines solchen Projekts das Gehirn von *Heliothis virescens,* einer Eulenfalterart, die auf Baumwoll- und Tabakfeldern lebt. Anhand von unter dem Mikroskop durchgeführten Mikrooperationen am lebenden Insekt, bei denen mikrometerkleine Glaselektroden in individuelle Neuronen im Insektenkopf eingeführt werden, können die Wissenschaftler die Signale, die durch eine Nervenzelle gehen, sicht- und hörbar machen. Wenn die Zelle durch einen Duft stimuliert wird, geht ein Signal ans Gehirn. Das Geräusch, das eine denkende Motte verursacht, wenn die Signale in für uns hörbare Frequenzen umgewandelt werden, entspricht in etwa einem Ticken.

Plötzlich tickt es wie wild.

»Das Tier hat gerade Zuckerlösung zu sich genommen«, erklärt Doktor Kvello.

Ein Zuckerstoß hat auf ein Schmetterlingshirn einen ähnlichen Effekt wie auf ein Menschenhirn.[6]

Haben die Tiere nicht unvorstellbare Schmerzen, während in ihren aufgeschnittenen Köpfen Elektroden ihre Gedanken belauschen?

Pål Kvello sagt: nein, auf keinen Fall. Insekten hätten weder Schmerzrezeptoren noch die kognitiven Fähigkeiten, um Schmerz zu erfahren, wie wir es tun. Die Schmerzerfahrung wird in unserem Gehirn produziert, Insekten haben kein neuronales System, das sie zu Schmerz befähigt.

Einen Schmetterling zu töten ist mir nie leicht gefallen. Das erste Mal habe ich einen Freund gebeten, es für mich zu erledigen, feige. Forscher legen sich vielfältige Erklärungen zurecht, um die Tötung ihrer Forschungsobjekte zu rechtfertigen.

»Erzählen, die Welt beschreiben, ist sehr schwer, weil es verständlicherweise Bitterkeit und Ressentiment weckt«, hat Hannah Arendt einmal festgestellt.[7] Die Erzählung eines Biologen besteht auch daraus, Falter in Sequenzen von Aminosäuren zu verwandeln, also Teile ihrer DNA zu dokumentieren, sie systematisch zu ordnen, Sammlungen einzuverleiben, sie für die Nachwelt aufzubewahren; für den Fall, dass sie an dem Ort, wo sie gesammelt wurden, einmal aussterben sollten, und um sie zukünftig mit anderen, später lebenden Tieren zu vergleichen.

(Von mir) bevorzugte Entschuldigungen für die Lebensverkürzung, die ich manchen Schmetterlingen zumute, sind:

(a) Ihre naturgemäß relativ kurze Lebensspanne: dass sie wenige Tage später sowieso verendet wären und auf diese Weise zur Mehrung der Erkenntnisse über ihre Artgenossen beigetragen haben – eine Art Märtyrertod.

(b) Dass es angenehmer ist, von mir in Sekundenschnelle

des Insektenbewusstseins beraubt, als von einem Vogel aufgefressen zu werden.

(c) Dass Schmetterlinge stets in großen Individuenzahlen vorkommen, wobei sich die einzelnen Individuen kaum voneinander unterscheiden, und, wenn ein Individuum etwas früher aus dem Lebensraum entfernt wird, es für die Population unbedeutend ist. Schmetterlingsarten sterben nicht aus, weil Wissenschaftler Einzelne von ihnen sammeln.

(d) Dass die Tiere, die ich fange, bereits ein Weibchen befruchtet oder Eier gelegt haben. Womit wir wieder bei Entschuldigung (a) wären.

Allgemeinphilosophische Entschuldigungen wie, dass es unmöglich ist zu leben, ohne irgendwen zu töten; dass wir mit jedem Schritt, den wir machen, kleine Lebewesen zertreten, haben ebenfalls Gültigkeit. Gleichzeitig hat nichts davon Gültigkeit.

Wie töte ich einen Schmetterling? Ich drücke hinter dem Kopf den Brustteil kurz und fest zusammen. So breche ich ihm das Genick. Drückt man ein paarmal sanft, ohne es knacken zu lassen, ist das Tier nur betäubt und wacht nach einigen Sekunden langsam wieder auf. Eine andere Möglichkeit ist, einen akuten Wintereinbruch herbeizuführen und den Falter in den Tiefkühlschrank zu geben, bei minimal -20 Grad. Insekten sind zäh und überleben tiefgefroren oft mehrere Stunden, aber auch der kräftigste Falter hält diese Temperaturen nicht dauerhaft aus.

Die erste Methode ist gut geeignet für unterwegs, die zweite, wenn die Tiere möglichst intakt bleiben und später an öffentliche Sammlungen weitergegeben werden sollen.

Großes Ochsenauge und Distelfalter in verschiedenen Metamorphosestadien und an ihren Futterpflanzen aus dem postum veröffentlichten Buch Schmetterlinge in Abbildungen nach der Natur *des Eugen Johann Christoph Esper.*

Muss man Schmetterlinge töten, um sie zu erforschen? Nicht unbedingt, das hängt von der Frage ab, die man beantworten will. Verhaltensbeobachtungen, Zuchtexperimente oder Erhebungen der Artenvielfalt in der Natur geschehen, ohne dem Tier einen Fühler zu krümmen. Derzeit stellen jedoch genetische Daten die Basis für viele Forschungsprojekte dar, und Schmetterlinge sind zu klein, um genug Material aus ihrem Körper für eine DNA-Analyse zu bekommen, ohne sie massiv zu beschädigen; meist nimmt man für die Extraktion von DNA die Beine.

Ein Falter ohne Beine kann nirgends sitzen, keinen Nektar aufnehmen, sich nicht verpaaren usw. Er kann ohne Beine nicht leben.

Bei großen Tieren, Säugetieren zum Beispiel, genügt ein Büschel Haare, ein Stück Fußnagel, eine Blutprobe für genetische Untersuchungen. Forscher arbeiten daran, die Methodik so weit zu verfeinern, dass man auch aus den Schuppen auf den Schmetterlingsflügeln DNA extrahieren wird können.

Grundsätzlich sind moderne Biologen weit von den noch im 19. Jahrhundert üblichen Raubzügen in die Natur entfernt, als Forscher Kisten voll toter Tiere von ihren Expeditionen mitbrachten. Andererseits bewundern wir als Museumsbesucher oft gerade diese Fundstücke, ausgestopfte, mittlerweile längst ausgestorbene Tierarten wie den Dodo, den zu sammeln – würde er heute noch leben – wir absolut ablehnen würden. Foto- und Videodokumentationen sind mittlerweile die Mittel der Wahl. Will ich eine neue Insektenspezies beschreiben, empfiehlt es sich aber noch immer, tatsächlich ein Individuum als Typenexemplar aufzubewahren. Anhand dieses Exemplars vergleicht man später, ob es sich bei weiteren Funden um dieselbe Art handelt, inwiefern sich die Art im Laufe der Zeit morphologisch verändert und noch vieles mehr. Museale Sammlungen, klassische Schmetterlingskästen, in denen die Tiere in Schubladen genadelt unter Glas aufbewahrt werden, sind noch immer eine wichtige Basis der Entomologie, ebenso wie Herbarien weiterhin die Basis der Botanik sind.

Carl Spitzwegs Der Schmetterlingsfänger *(1840) ist nun Teil der Sammlung des Museums Wiesbaden.*

Berechnungen

Ich schreibe mit einem Stift Nummern auf die Flügel der Tiere, fortlaufend, mit 1 beginnend. Welche Zahl die letzte sein wird, weiß ich anfangs noch nicht. Es hängt von der Saison ab, vom Zufall, vom Wetter, davon, wie viel Energie ich habe, mich durchs Gestrüpp zu kämpfen. Nummerierte Falter, das klingt ein bisschen grausam. Studien zeigen aber: Die Beschriftung beeinflusst das Dasein der Schmetterlinge nicht, weder leben sie kürzer, noch fliegen sie weniger, noch erwächst ihnen ein Nachteil beim Suchen eines Fortpflanzungspartners. Gewiss, diese Studien sind von Schmetterlingsforschern angefertigt, und es liegt in ihrem Interesse zu zeigen, dass ihre Arbeit ihre Studienobjekte nicht stört; ebenfalls in ihrem Interesse liegt aber, dass ihre Arbeit objektiv ist; ich glaube ihnen also, dass sich die Falter durch die Zahlen auf ihren Flügeln nicht anders verhalten als sonst.

Ich halte Ausschau nach einem Falter, fange ihn, hole ihn vorsichtig aus dem Netz, beschrifte ihn mit der Nummer 33 und lasse ihn wieder fliegen. Dabei notiere ich sein Geschlecht, sein ungefähres Alter – das sich anhand der Verbrauchtheit der Flügel abschätzen lässt –, die genauen geografischen Koordinaten des Ortes, Datum und Zeit. Ich markiere so viele, wie ich über den Tag erwische. Am nächsten Tag gehe ich zur gleichen Zeit zur gleichen Stelle, fange wieder so viele Tiere wie möglich. Manche davon, einzelne wenige, sind bereits markiert; die anderen bekommen nun Nummern. Ich gehe jeden Tag zur gleichen Stelle, fange Schmetterlinge, markiere neue, zähle, wie viele von den alten ich wieder fange. Ich gehe jeden Tag, außer wenn es regnet, die gesamte Flugzeit der Ochsenaugen lang, das heißt, ungefähr drei Wochen. Am Ende habe ich für jeden gefangenen Falter eine Tabelle mit den Tagen, an den ich ihn oder sie in der Hand gehabt habe. Manche gehen mir zehnmal ins Netz, manche, die meisten, nur ein einziges Mal. Anhand der Tabelle und mithilfe eines speziell für derartige Datensätze entwickelten Computerprogramms namens MARK kann ich ausrechnen, wie groß die Population der Ochsenaugen in diesem Jahr ungefähr war. Die Algorithmen des Programms erlauben mir sogar, die vermutlichen Todesfälle unter den Faltern und die Geburtenrate zwischen einzelnen Fangereignissen abzuschätzen. In diesem Jahr gibt es an der Stelle, die ich untersucht habe, in etwa 1200 Individuen. Die meisten dieser Falter habe ich nicht markiert. Aber anhand der 303 markierten und dem Anteil derer, die ich mehrmals gefangen habe, kann ich abschätzen, wie viele es insgesamt gibt. Indem ich die Population über einen längeren Zeitraum beobachte – wochen-, jahrelang immer wieder alle Falter, die ich erwische, markiere, freilasse, fange, markiere –, kann ich sehen, wie sie sich entwickelt. Wird sie größer oder kleiner? Bleibt sie gleich?

Falls das wie Magie klingt – es ist keine. Die Methode wurde in ihren Grundzügen bereits 1896 von einem Meeresbiologen aus Kopenhagen namens Carl Georg Johannes Petersen verwendet, der erheben wollte, wie viele Fische sich in bestimmten Meeresteilen befinden, und versuchte, ihrem Migrationsverlauf von einem Fjord zum anderen zu folgen. Die Grundgleichung, die er sich ausdachte und die ein paar Jahrzehnte später von einem anderen Biologen, dem Amerikaner Frederick Charles Lincoln, in ganz ähnlicher Form zur Schätzung der Populationsgrößen verschiedener Vogelarten auf dem amerikanischen Kontinent verwendet wurde, ist eigentlich einfach.

Am Beispiel der Schmetterlinge: Man multipliziert die Zahl aller markierten mit der Zahl der an dem jeweiligen Tag gefangenen Individuen und dividiert durch die Zahl der schon markierten Individuen unter den gefangenen Individuen. Wenn man also 100 Tiere markiert hat, 20 Tiere in der Stichprobe waren und 4 davon bereits markiert waren, rechnet man $100 \times 20 \div 4 = 500$. Die geschätzte Populationsgröße in diesem Fall wäre 500 Tiere.

Das Schöne daran ist, dass man diese Methode nicht nur für Tiere verwenden kann, sondern auch für Wörter.

Der Wortschatz eines Textes lässt sich mit dieser Methode genauso erahnen wie die Anzahl Rechtschreibfehler darin. Worte muss man dafür nicht einmal markieren, sie sind es schon durch ihr Wortsein. Man nimmt also zufällig 100 Worte aus einem Text und in einem zweiten Durchgang noch einmal 20 Wörter aus demselben Text, wenn 4 Worte identisch sind, beläuft sich der geschätzte Wortschatz des Textes auf 500 Worte, das heißt, dass wahrscheinlich noch 400 neue Worte im Text auftauchen werden, die einem beim ersten Durchgang nicht begegnet sind.

Auch in der Linguistik wird, wie in der Biologie, mittlerweile längst nicht mehr diese einfache Formel verwendet, sondern kompliziertere Algorithmen, die computerunterstützt Texte analysieren. Will ich den Computer auf seine Richtigkeit testen oder schlicht mich selbst kontrollieren, ob ich mich beim Eingeben der Daten auch nicht vertippt habe, rechne ich trotzdem noch immer die vermutliche Zahl der Schmetterlinge in einem Tal im Kopf aus.

David hatte für die Fahrt in die Berge nur einen tragbaren Käfig bei sich. Als ich aus meinem Kofferraum eine Wassermelone holte, war er überrascht; umso besser schmeckte sie ihm. David legte sich der Länge nach ins Gras, so verbrachte er den Nachmittag, immer wieder die Stelle ändernd, an der er lag. Sein Fangwerkzeug war ein Netz ohne Stiel. Er ist ein großer Mann, wo er gelegen hatte, blieb im Gras eine Weile der Abdruck seines Körpers zu sehen.

»Meine Familie sind die Schmetterlinge«, sagte er, als wir uns zum ersten Mal persönlich auf Sardinien trafen; es war im Sommer des Jahres 2000. Postbeamter von Beruf, verbrachte er jeden Urlaub mit den Faltern oder auf der Suche nach ihnen. Er war mit der Fähre aus Genua gekommen. Sein kleiner Wagen mit der Schweizer Nummerntafel war auf der Piazza des Dorfes, in dem wir uns verabredet hatten, leicht auszumachen. Ich hatte versprochen, ihn zu einigen Stellen zu führen, an denen der Silbergrüne Bläuling lebt, dessen auf der Insel vorkommende Populationen von Experten als eigene Unterart beschrieben werden.

David ist spezialisiert darauf, Arten zu züchten, die nur kleinräumig vorkommen, endemische Arten. Je kleiner ihr Areal, desto lieber züchtet er sie. Züchten heißt für ihn, dass er einige Pärchen fängt, sie Eier legen lässt und diese dann betreut, bis sie erwachsene Falter sind. Die einzelnen Stadien dokumentiert er fotografisch, manchmal dringt er mit einem

Hufeisenklee, Hippocrepis comosa. *Davon ernähren sich Bläulingsraupen.*

Elektronenmikroskop sogar bis zu den winzigsten Details vor. Auf Sardinien grub er damals auch einige Exemplare des Hufeisenklees aus, der Futterpflanze des Silbergrünen Bläulings.

Er hatte zwar zu Hause schon in mehreren Töpfen vorgesorgt, aber sicher ist sicher.

Ein Großteil des Wissens über die Biologie einzelner Falterarten ist Leuten wie David zu verdanken, Amateuren, wobei das Wort hier im eigentlichen Wortsinn als ›Liebhaber‹ verstanden werden darf; einen größeren Liebhaber von Schmetterlingen als David habe ich nie kennengelernt.

Am Ende des Tages hatte er seine Ernte beisammen, wenige Exemplare der winzigen hellblauen Falter neben einigen ebenso winzigen braun gefärbten Weibchen. Sie sitzen in einem etwa 25×25 Zentimeter großen Käfig, der in Davids Händen ebenfalls klein und fragil erscheint.

Die Männchen habe er mitgenommen, falls die Weibchen doch noch nicht befruchtet seien, sagt er. Eigentlich gehe er aber davon aus, dass die Weibchen bereits Eier im Hinterleib tragen, die sie ablegen wollen.

»Schau, wie geschwollen ihr Thorax ist«, er zeigt dabei auf ein Tier, das mit zusammengeklappten Flügeln am Netz sitzt. Während wir es betrachten, reibt es seine Flügel leicht aneinander.

»Sie sind doch wunderschön«, sagt David.

Der Silbergrüne Bläuling wurde in Deutschland, der Schweiz und Österreich zum Insekt des Jahres 2015 gekürt. In dieser Rolle soll er das Image der Insekten aufpolieren, sie sympathischer machen, zeigen, dass sie auch ein ›Privatleben‹ haben, hübsch sind! Wie bei einer Person des öffentlichen Lebens, auf die man aufmerksam machen will, gibt es eine Presseerklärung zum Leben des Prämierten, inklusive Bildmaterial, das ihn allein und beim Sexualakt zeigt. Auch sein Lebensraum wird in hochauflösenden Fotografien dargestellt.

Die Art wurde als »Repräsentant für Tiere des besonders empfindlichen Biotops des Trockenrasens ausgesucht«, heißt es im Text. Nährstoffarme Trockenrasen sind durch die zunehmende Bewirtschaftung aller Wiesen selten geworden. Viele Insektenarten, auch Schmetterlinge, sind aber auf Trockenrasen als Lebensraum angewiesen.

Der Silbergrüne Bläuling ist noch heikler, er lebt vorzugsweise auf Kalkböden, ab und zu auch auf Sandböden; wenn sie nicht zu sauer sind.

Trotz aller Schwierigkeiten haben die Bläulinge aber auch Glück. Außer David gibt es noch andere Wesen, die sich aufopfernd um sie kümmern: Ameisen. Für sie haben die Raupen des Silbergrünen Bläulings ein besonderes Lockmittel parat. Mittels spezieller Drüsen produzieren sie ein Sekret, das für die Ameisen süß schmeckt, eine unwiderstehliche Nascherei. Die Ameisen lecken die Süßigkeit und verteidigen im Gegenzug die Raupen gegenüber Feinden – jenen, die sie fressen, wie auch jenen, die sich als Parasiten in ihnen häuslich einrichten wollen.

David braucht sich dennoch kein Ameisennest in die Küche zu legen. Solange er die Raupen vor Fressfeinden schützt, kommen sie auch ohne Ameisenheer aus.

Sorgfältig verstaut er den Käfig mit den Faltern im Kofferraum, trinkt dann in langen Zügen aus einer Wasserflasche. Bevor wir fahren, frage ich ihn, ob er nach getaner Arbeit essen gehen möchte.

Überwältigende Vielfalt: Schmetterlinge sind nach den Käfern die artenreichste Tiergruppe auf der Erde.

Er lehnt dankend ab.

Er müsse sich jetzt darauf konzentrieren, die Tiere zur Eiablage zu bringen, und dafür sorgen, dass sie regelmäßig Zuckerwasser bekämen, sie in seinem Hotelzimmer zur Ruhe kommen lassen. Er werde sich von irgendwo schon ein wenig Proviant besorgen, das sei zweitrangig. Wenn sie nur Eier legten.

Später besuchte ich David in seinem Zimmer. Er saß am Tisch, vor ihm der Käfig mit den Tierchen. Er wandte kein Auge von ihnen ab, als er mich begrüßte. Er blieb dicht zu ihnen gebeugt, neben seiner Nase, seinen großen Händen, wirkten die Falter noch kleiner, als sie wirklich waren.

Einige Jahre später besuchte er mich in Amsterdam, wo ich damals am zoologischen Museum forschte.

David kam, um sich in der Sammlung einiges anzusehen. Er schlief im Wohnzimmer auf einer ausziehbaren Couch, verließ das Haus aber so früh und kam so spät zurück, dass ich ihm kaum begegnete.

Die Tage verbrachte er zur Gänze in den Räumen des Museums und saß an einem kleinen Tischchen in den schmalen Gängen zwischen den mehrere Meter hoch aufragenden Schubladenkästen, in denen die Schmetterlinge aufbewahrt wurden. Seine Jacke roch nach der unverwechselbaren konservierungsmittelgetränkten Luft, die entomologischen Sammlungen eigen ist. Damit zog während der Tage, die David bei mir verbrachte, der Geruch auch in meiner Wohnung ein.

Insekten über längere Zeit, sogar Jahrhunderte hinweg aufzubewahren, ist eine heikle Angelegenheit und gelingt nur, wenn man sie in gut verschlossene, giftgefüllte Kästen sortiert.

Ansonsten werden sie bald von anderen Insekten, vor allem winzigen Käfern, aufgefressen.

Am zweiten Abend seines Aufenthalts in der Stadt lud ich David zum Essen ein. Er saß auf dem Sofa, auf dem er nachts schlief, und berichtete von seiner ›Familie‹, den Schmetterlingen, seinen Vorhaben für den Sommer. Welche Art er züchten wollte, von wo er sich Eier holen wollte, von wo Futterpflanzen.

Er redete und redete, bis ich mit dem Kochen fertig war.

Als ich ihn zu Tisch bat, schaute er verdutzt.

»Wann hast du denn gekocht?«

Nur zwei Meter von ihm entfernt hatte ich mich der Essenszubereitung gewidmet. David hatte es nicht bemerkt.

Ich habe mich mit ihm nie über ein anderes Thema unterhalten als Schmetterlinge, ich weiß nicht, ob er Geschwister hat, ob seine Eltern noch leben, wo genau er wohnt, ob in einem Haus oder einer Wohnung, was er gerne isst, ob er noch andere Interessen hat außer den Schmetterlingen. Wir haben Tage miteinander verbracht und ich weiß von ihm nur: Er lebt für die Schmetterlinge.

Forscherkarrieren

Turin ist wegen des Grabtuchs bekannt, das eine Art Abdruck der Vorder- und Rückseite eines Menschen zeigt, ähnlich wie oft Schmetterlinge dargestellt werden, als wären sie ganz flach. Eine weitere Spezialität der Stadt ist die Gianduja Schokolade, man erfand sie zur Zeit Napoleons; damals galt es, auf Waren aus den britischen Kolonien, wie zum Beispiel Kakao, hohe Zölle zu zahlen. Aus Sparsamkeitsgründen wurde die Schokolade mit Haselnüssen ›verdünnt‹: Ein Bonbon entstand, auf das die Stadt bis heute stolz ist.

Jahrhunderte später, im Jahr 1946, begann der Bäcker Pietro Ferrero im fünfzig Kilometer entfernten Alba, einer nussreichen Region, mit der Produktion von *Pasta Gianduja.* In den Sechzigerjahren verfeinerte sein Sohn Michele die Haselnusspaste, indem er Palmöl dazu mischte. Den Aufstrich nannte er Nutella.

Schmetterlingsforscher fahren freilich aus anderen Gründen nach Turin.

An der dortigen Universität untersucht ein Team um die Wissenschaftlerinnen Simona Bonelli und Francesca Barbero die Töne und Rhythmen, die Raupen von sich geben, genauer gesagt, Raupen von Bläulingen.

Wir treffen uns in der Via Accademia Albertina.

Sie stehen bereits draußen vor der Tür, als ich eintreffe.

»Wir müssen einen Aperitif trinken gehen, dann können wir auch über die Arbeit reden«, sagt Francesca. Der Vierte im Bunde ist Luca Pietro Casacci, der sich mit der chemischen Kommunikation von Ameisen befasst. Er ist gerade zurück aus Montpellier, wo er, wie er sagt, eine herrliche Zeit verbracht und viel von den dortigen Forschern gelernt hat.

»Ja«, erzählt er, »manchmal halten wir auch Ameisenkolonien im Labor« und ja, »manchmal büchst eine aus«. »Oder mehrere«, er lacht.

Die Mitglieder der Familie der Bläulinge sind, wie der Name vermuten lässt, im Falterzustand meist blau, aber nicht immer. Manche sind schlicht braun, manche haben ein Muster mit kräftigen hellroten oder orangefarbigen Flecken, manche fast schwarze Oberseiten, manche elegante Schwänzchen an den Enden der Hinterflügel, an deren Basis einen die Pupille eines Auges scharf anblickt. Allen gemeinsam ist ihre Zartheit. Sie sind klein, aber flink, begnadete Flieger, kaum hat man sie vor sich, verschwinden sie über den Baumkronen.

Viele Bläulingsarten engagieren für gewisse, für einen Bläuling eher unangenehme Arbeiten Dienstboten, die ihnen diese Pflichten abnehmen. Der Arbeitseifer der Ameisen ist legendär, auch die Bläulinge wissen das. So überlässt die Schmetterlingsgattung *Maculinea,* mit der sich die Turiner Forschergruppe beschäftigt, ihre Nachkommen Ameisenkindergärtnern zur Pflege. Sobald die Raupen eine gewisse Größe erreicht haben, lassen sie sich von ihren Futterpflanzen herunterfallen; zu einem günstigen Zeitpunkt, an dem die ihnen wohlgesonnene Ameisenart aktiv ist und nicht andere, die sie fressen würden.

Die Arbeiterinnen sammeln sie auf, tragen sie ins Nest und hätscheln und füttern sie dort den Winter über.

Apollofalter, Parnassius apollo, *Schwarzfleckiger Bläuling,* Maculinea arion *und Hauhechel-Bläuling,* Polyommatus icarus.

Die brennende Frage, die den Schmetterlingsforscher angesichts einer solchen Geschichte beschäftigt, ist: Wie machen sich die Schmetterlingslarven den Ameisen so sympathisch, dass sie derartige Opfer für sie bringen? Ameisen verteidigen ihr Nest bekanntlich rabiat gegen Eindringlinge. Im Übrigen fressen sie Raupen normalerweise, sobald sie ihrer habhaft werden. Woher dieses plötzliche Wohlwollen?

Eine Erklärung, die sich Bläulingsforscher für dieses Rätsel ausgedacht haben, wäre, dass sie sich als etwas verkleiden, dem die Ameisen absolut nicht widerstehen können. Welche Verkleidung würde ein Schmetterling sich am besten zulegen, wenn er von Ameisen verwöhnt werden will?

Frühere Studien haben gezeigt, dass junge Raupen nicht nur betteln wie Babyameisen, sondern auch ihren Geruch imitieren. Dazu sondern sie süße, für Ameisen unwiderstehliche Sekrete ab, die diese von den Raupen ablecken. Genauso wie die Bläulinge, die David aufzog, es tun. Nur können Davids Bläulinge unter Umständen auch ohne Ameisen leben, *Maculinea*-Schmetterlinge hingegen nicht. Sie überleben ausschließlich unter der Obhut der selbstlosen Ameisen. Wenn die Nahrung knapp wird, erhalten die Raupen gar eine bevorzugte Behandlung: Sie werden immer gefüttert, selbst wenn die eigenen Larven hungern. Sogar die Larven werden verfüttert. Denn die gefräßigen jungen Raupen verzichten in diesem Stadium auf ihren vegetarischen Lebenswandel.

»So eine Behandlung wird sonst nur der Königin zuteil«, sagt Francesca.

Und wirklich, die Raupen imitieren die Ameisenkönigin. Ihre Verkleidung ist nicht nur chemisch, in Form des Duftes, sondern auch und vor allem akustisch.

Sie ›singen‹ im Ton und Rhythmus der Königin.

Sie haben zwei Strategien, sich in Ameisennestern durchzuschlagen. Die eine ist die des Kuckucks, der sich von den Arbeiterinnen füttern lässt; die andere die des Räubers, der sich auf eigene Initiative an der Brut des Gastgebers gütlich tut. Je nachdem, welche Strategie die Raupe verfolgt, kann sie die Geräusche, die sie ausstößt, variieren, um die Aufmerksamkeit der Ameisen zu erregen. Kuckucke erregen die größte

Aufmerksamkeit, wenn sie bereits ins Nest integriert sind, also nach der ›Adoption‹ – wie das Hineintragen der Raupen im wissenschaftlichen Jargon genannt wird. Räuberische Raupen stoßen offenbar vor der Adoption die reizvollsten Töne aus, sie sind in dieser Phase für die Ameisen am interessantesten.

Als ich am folgenden Tag das Labor besuche, bekomme ich das Mikrofon zu sehen, mit dem das Turiner Team die Geräusche der Königin wie der parasitierenden Raupen aufgenommen hat. Ein relativ unspektakuläres Gerät, dem ähnlich, das viele Journalisten mit sich herumtragen. Es nimmt aber Töne auf, die für menschliche Ohren unhörbar sind. Mittels Frequenzdiagrammen werden diese dann analysiert und verglichen.

Luca und Francesca spielten den Ameisen Aufnahmen von Raupengesängen vor und beobachteten ihre Reaktion. Sobald die Arbeiterinnen die Raupen hörten, begannen sie unverzüglich mit einem Fütter- und Putzverhalten, als müssten sie sich um eine Königin kümmern.

Wie in vielen sozialen Gesellschaften geht es auch für die Raupen darum, möglichst hoch in der Hierarchie zu stehen. Niemand steht höher als die Königin. Deshalb singen die Fremdlinge wie sie.

Auch wenn man das Wissen des Aristoteles hinsichtlich der Verwandlungsstadien der Schmetterlinge jahrhundertelang großteils vergessen hatte, gab es einflussreiche Persönlichkeiten, denen zwar die Naturwissenschaften fernlagen, die aber gewisse biologische Tatsachen anhand einer anderen, nicht minder einprägsamen Metaphorik lehrten.

In dem von allgegenwärtiger Höllenangst geprägten 16. Jahrhundert, in dem sich sogar aufgeklärte Leute das, was einen nach dem Tod erwartete, ähnlich vorstellten wie die Szenen in der eingangs genannten Darstellung auf Hieronymus Boschs berühmtem Tryptichon, prägte die heilige Teresa von Ávila, eine einflussreiche Geistliche und Gelehrte ihrer Zeit, das Gleichnis zwischen Seele und Schmetterling.

Ich weiß nicht, wer es erfunden hat: Schmetterlinge stehen und standen für die Seele. Die des Toten, der auf diese Weise mit den Lebenden kommuniziert, aber auch die Seele des Lebenden, der sie läutern und so mit Gott vereinigen kann. Teresa von Ávila benutzt dafür in ihren Schriften das Bild der Seidenraupe, die sich verpuppt, dann, wie Teresa es nennt, »stirbt« und als Schmetterling die Puppenhülle wieder verlässt. Sie sieht den Falter, sie beschreibt ihn als weiß (während die Raupe ein »Wurm« ist), als Symbol für die Vollendung des Menschen in Gott. Wenn der Mensch durch Beten und zahllose Prüfungen über sieben Stufen, die Teresa »Wohnungen der inneren Burg« nennt, mit Gott eins geworden ist und die völlige Übereinstimmung mit seinem Willen erreicht hat, ist seine Seele befreit und schlüpft: ein Schmetterling. So nennt sie es. Der allerdings ist in Teresa von Ávilas religiösen Erzählungen, wie in unseren weltlichen Gedichten, ein unstetes Ding. Für die Nonne und Gründerin mehrerer Klöster ist ein Falter zwar innerlich vollkommen ruhig, in seiner Lebensweise aber ruhelos. »Er nippte hier – er nippte dort.« Diese Unruhe käme daher, weil er mit allem Irdischen unzufrieden sei, nachdem er bei Gott war und von seinem Wein gekostet habe.

Daher, schreibt sie, sei es nicht überraschend, wenn der

Schmetterling sich als Fremdling auf Erden fühle. Bei Teresa von Ávila ist der Schmetterling ganz Symbol für die gläubige Seele. Er steht für die Selbsterkenntnis und ein Leben in der eigenen Wahrheit: der Erkenntnis der eigenen Begrenzungen und Fähigkeiten, die daraufhin in der Zuwendung zu anderen Menschen eingesetzt werden. Ein Leben in der Kontemplation bedeutet für sie nicht Abwendung von den Mitmenschen, sondern ausgesuchte Liebe zu ihnen.[8]

Teresas Bücher wurden bereits wenige Jahre nach ihrem Tod, 1588, gesammelt herausgegeben und bald mittels Übersetzungen in ganz Europa zugänglich gemacht. In einer Zeit, in der die Existenz Gottes – im Großteil unseres Kontinents des katholischen – als so gewiss galt wie heute das Gravitationsgesetz, hatten Denkbilder wie die ihren einen wichtigen Einfluss auf die Art und Weise, wie die nicht-menschliche Natur wahrgenommen wurde.

Eine überraschende Erkenntnis in diesem Zusammenhang geht über die Lepidopterologie weit hinaus: Diverse Grundlagen der Biologie wurzeln in einer christlichen Weltanschauung.

Nehmen wir eine durchschnittliche Forscherkarriere an der Wende des 20. zum 21. Jahrhundert. Ich begann meine Laufbahn als Biologin recht unbefangen und meine Wahl der Disziplin Ökologie als Studienfach hat womöglich mehr damit zu tun, dass mich meine Großmutter christlich erzogen hatte, als mit jugendlichem Forscherdrang. Ich wollte meine Nächsten ›lieben‹ und vor Schaden bewahren; da ich auf dem Land aufwuchs, viel draußen war, Baumhütten baute und von dort aus die Erwachsenen als Gefahr imaginierte, Tiere und Pflanzen hingegen als befreundete Wesen, gehörten diese unbedingt zu den Nächsten. Das endete damit, dass meine ersten wissenschaftlichen Arbeiten vor allem naturschutzfachlicher Art waren: Wie können wir so leben, dass wir die Schmetterlinge so wenig wie möglich stören?

Beginnen wir am Anfang. Nicht am Anfang der Zeiten, nicht beim Urknall und anderen Hypothesen zum Beginn der Erde, sondern an einem Punkt, der sich leichter festlegen lässt, dem Anfang der Evolutionsbiologie. Beginnen wir bei Charles Darwin und seinem berühmten Buch *Über die Entstehung der Arten.* Seit dem Jahr 1859, als das Buch erschien, prägt die Evolutionstheorie unsere Gesellschaft. Wir würden unser menschliches Leben anders leben, wenn Darwins Ideen und die seiner Zeitgenossen, wie des britischen Naturforschers Alfred Russel Wallace, der parallel zu Darwin ähnliche Theorien zur Evolution entwarf und mit ihm auch in Briefkontakt stand, nie veröffentlicht worden wären. Die Evolutionstheorie war eine der größten weltanschaulichen Neuerungen des 19. Jahrhunderts, Evolutionsbiologen (wie ich) würden sogar sagen: die größte.

Als Charles Darwin besagtes Buch schrieb, lag ihm aber weder daran, einen Gegenentwurf zu einer religiösen Glaubensrichtung zu bieten, noch wollte er provozieren. *Über die Entstehung der Arten* beginnt wie eine Abenteuergeschichte: »Als ich an Board des *Beagle* als Naturforscher Süd-America erreichte, überraschten mich gewisse Thatsachen in hohem Grade ...«. Ausgehend von den Erlebnissen und Beobachtungen auf einer fünfjährigen Schiffsreise, die ihn als junger Mann nach Südamerika und um die Welt führte, legt er in einer 400-seitigen Zusammenfassung, das echte Werk sollte später noch kommen, seine Theorie über die Entstehung der Arten dar.

Warum ist die Erde nicht über und über bedeckt mit Löwenzahn, obwohl jedes Jahr Tausende Samen in alle Himmelsrichtungen fliegen? Darwin erklärt das mit einem Prinzip, das er »Selektion« nennt: In einer Gruppe von Organismen überleben diejenigen, die am besten an die Umgebung, in der sie leben, angepasst sind. Die gut angepassten Eigenschaften werden weitervererbt, die schlechten mit der Zeit aussortiert, und es entstehen die Variationen oder Arten, die wir sehen. All das geschieht – das ist ein zentrales Paradigma – ziellos. Ein Elefant steht, evolutionstheoretisch gesehen, nicht ›höher‹ als eine Amöbe. Er ist nur näher mit uns verwandt. Die prinzipielle Einfachheit der Theorie ist das Schöne daran.

Biologische Verwandtschaft nährt Mitgefühl. Je näher ein Tier mit uns verwandt ist, desto besser können wir uns in das Tier hineinversetzen. Folglich fällt es einem Menschen im Allgemeinen schwerer, einen Elefanten zu verletzen als einen Schmetterling.

Die mechanistische Strenge der Evolutionstheorie scheint auf den ersten Blick mit humanistischen Ideen kaum vereinbar. Allem, was mit *survival of the fittest* assoziiert wird, haftet etwas an, das die Gefahr des Faschismus in sich birgt. Neo-Darwinismus in einer streng materialistischen Interpretation des 19. Jahrhunderts kann einem als herzlose, rigide Theorie erscheinen, die alle schlechten Eigenheiten eines kompromisslos mechanistischen Weltbilds in sich vereint. Ganz im Gegensatz

Schmetterlinge lassen sich anhand von Farbtafeln bestimmen. Dennoch bleibt jedes Individuum für sich einzigartig.

dazu ist für eine Reihe zeitgenössischer, also vielleicht postmodern zu nennender Biologen (wie mich) die Evolutionstheorie etwas »Großzügiges, Flexibles«[9] dessen Basis die Vielfalt darstellt.

Das Wichtigste an Darwins Arbeit wird selten erwähnt: die Erkenntnis der Einzigartigkeit jedes Individuums, ob Muschel, Weizenpflanze oder Mensch. Darwin war seinerzeit, wie gesagt, bei Weitem nicht der einzige, der sich mit evolutionstheoretischen Überlegungen befasste; auch wenn er in seinem Buch auf Quellenangaben verzichtet, eventuelle Vorläufer und Mitstreiter höchstens en passant nennt und von »meiner Theorie« spricht – das Thema lag im viktorianischen England sozusagen in der Luft. Darwin war aber womöglich der erste, der sich und seinem Publikum die unglaubliche Individualität jedes Lebewesens bewusst machte. Es gibt keine zwei gleichen; weder Menschen noch Schmetterlinge, nicht einmal eine Zecke ist identisch mit der Zecke am Nachbarstrauch.

Dass ausgerechnet Darwin die Evolutionstheorie in Worte fasste, mag Zufall sein. Dass sie Mitte des 19. Jahrhunderts in England formuliert wurde, scheint weniger zufällig. Anders als in Frankreich, Deutschland oder Österreich waren dort viele Wissenschaftler Anhänger einer »natürlichen Theologie«. Wenn die kontinentaleuropäischen Forscher betonten, Gott habe die Welt für den Menschen geschaffen und alle Kreaturen seien dazu da, ihm zu dienen, ging es den britischen um die Harmonie der Natur, Menschen inklusive. Christliches Dogma und Naturwissenschaft waren eng miteinander verbunden. Der Naturforscher war gleichzeitig Theologe, sogar an den Universitäten wurde Biologie vorwiegend von Geistlichen unterrichtet. Der Gott der britischen Biologen, der seine Schöpfung ständig verbessert und dem man am besten dient, indem man sie inventarisiert und bewundert, war dem menschlichen Beobachter der Artenvielfalt näher als der Gott der deutschen und französischen Theologen, der die Welt und ihre Gesetze einst, zu Beginn aller Zeiten, erschaffen und dann der ungeschickten Hand des Menschen überlassen hatte. Die lebende Natur galt damals als täglicher Beweis für die Existenz Gottes. Die Evolutionstheorie entwickelte sich wie selbstverständlich aus oder neben einer jüdisch-christlichen Tradition – genau dem, was wir heute als ihren Gegenentwurf betrachten.

Nicht-Biologen wird es überraschen, doch Evolutionstheoretiker und Schmetterlingsforscher sind sich bei Weitem nicht immer darüber einig, was sie meinen, wenn sie von einer ›Art‹ sprechen. Die Definition der Basiseinheit unserer Arbeit stellt uns im Grunde vor ein unlösbares Problem.

»Eine Art ist eine Gruppe von Individuen, die sich untereinander fortpflanzen und fruchtbare Nachkommen bekommen«, so der Vorschlag des Evolutionsbiologen Ernst Mayr.[10]

Soll man einer Art ihre Art-Berechtigung entziehen, wenn sie, was häufig geschieht (besonders bei Insekten), mit anderen Arten hybridisiert – also fruchtbare Nachkommen mit Nicht-Artgenossen hat?

Im Jahr 2013 wurden Arten von einem Kollektiv von Experten als »Mitglieder von genetisch distinkten Populationen« definiert.[11] Die Wissenschaftler betonten, dass Hybridisierung zu Artbildung führen und diese sogar beschleunigen kann. Kontaktzonen, in denen genetischer Austausch zwischen Arten stattfindet, werden mittlerweile als treibende Kräfte der Evolution betrachtet.

Im wissenschaftlichen Jargon spricht man von ›wahren‹ oder ›guten‹ Arten (*bona species*) am einen und ›beginnenden‹ Arten am anderen Ende eines gedachten Kontinuums. Aus der Perspektive der Art ist das absurd. ›Wahr‹ sind Arten naturgemäß nur aus der Perspektive des menschlichen Beobachters. Was wäre das Gegenteil einer beginnenden Art?

Hier sind wir an einem kritischen Punkt der (evolutions-) biologischen Philosophie: dem impliziten Paradigma, dass die Selektion alle Organismen irgendwann dazu führen wird, ›wahr‹ oder ›gut‹ zu werden, also ohne genetischen Austausch, mehr oder weniger isoliert voneinander. Sie hätten dann die ›Klimax‹ des Artbildungsprozesses erreicht.

In Wirklichkeit verändern sich Arten fortwährend. Jeder Biologe weiß das. Trotzdem sprechen wir noch großteils so davon wie Carl von Linné, ein humorvoller und gottesfürchtiger Mensch, vor zweihundertfünfzig Jahren: »Nur der Mensch ist das Geschöpf, welches Gott der Schöpfer gewürdiget hat mit einer unsterblichen Seele zu zieren; ja es gefiel ihm, diesen allein unter den lebendigen Geschöpfen an Kindes statt anzunehmen, ihm ein besseres Leben zu verheißen.« Ein paar Zeilen weiter unten schrieb er aber, ohne darin einen Widerspruch zu sehen, er könne »schwerlich ein einziges Merkmal finden, wodurch der Mensch vom Affen unterschieden werden kann, wenn nicht etwa die Hauzähne«. Wie gesagt, er war ein humorvoller Mensch. Linné ordnet den Menschen unter die Primaten ein, fügt aber zur Gattungsbezeichnung *Homo* zuerst einmal keinen zweiten Namen, sondern den Ausdruck *nosce te ipsum* (kenne dich selbst) hinzu. Erst in der zehnten Auflage seines Werkes, verkürzt er den Ausdruck zu *Homo sapiens*. Auf diese zehnte Auflage beruft sich die zoologische Namensgebung bis heute.

Würden wir über Arten und ihre Unterscheidung in einer Weise sprechen, die dem gerecht wird, was wir über sie wissen, nämlich dass es keine klaren Trennlinien zwischen den lebenden Entitäten gibt, die wir ›Arten‹ nennen, hieße das, eine gewisse Vagheit in der Definition der Basiseinheit der Biologie zu akzeptieren. Eine Art könnte dann zwei Zustände gleichzeitig haben, wäre zugleich erkennbar als das, was sie ist, aber fortwährend veränderlich; unvollständig und dabei vollendet.

Ich höre in der Weise, wie wir (Wissenschaftler) momentan über Arten und ihre Evolution sprechen das Echo christlicher Gesänge. Die Erfindung der Evolutionsbiologie steht für mich in Zusammenhang mit dem Tod Gottes; Darwin und Nietzsche waren Zeitgenossen, zufällig vielleicht, vielleicht aber auch nicht ganz zufällig.

Im 19. Jahrhundert war die Seele den Menschen vorbehalten. Inzwischen haben sich die Philosophen davon überzeugt, dass auch Tiere und womöglich sogar Pflanzen eine Seele haben. Seele und Körper wurden gleichberechtigt, und seither hat die Seele – im wissenschaftlichen Bewusstsein – ihre religiöse Komponente verloren. Hat Linné den Organismen Seelen eingehaucht, indem er ihnen Namen gab?

Solange es Gott gab, war ein wichtiges Ziel des Lebens, die eigene Seele so zu formen, sodass sie für die Begegnung mit Ihm rein wäre. Ethische und geistliche Regeln in der christlichen Tradition richteten sich darauf, die Seele ständig zu säubern (zum Beispiel durch die Beichte), dass sie, wenn sie nach dem Tod des Körpers zu Gott gelangte, in bestmöglichem Zustand wäre.

Ohne Gott gibt es niemanden, der den Zustand unserer Seele beurteilt. Folglich ist das Seelendesign obsolet geworden, die Aufmerksamkeit richtet sich auf die äußere Hülle: den Körper. Der Mensch ist ein »Ding unter Dingen«[12], trägt die Seele an der Oberfläche und offenbart sich im Design.

Auch als Biologen sind wir betört vom Design – der Form im weitesten Sinn, einschließlich Genen, Aminosäuren und Molekülen – der Organismen; womöglich jedoch zugleich noch immer auf der Suche nach ihrer innersten Essenz? Den ›Seelen‹?

Sind die Arten unser moderner Ersatz für die Seelen? Sind *sie* momentan die Behälter der (potenziell) reinen Wahrheit in unserer Naturwissenschaftsgesellschaft? Analog zur Seele ist eine Art per definitionem unvollendet, ›strebt‹ aber nach ›Perfektion‹, so wie die Naturforscher im viktorianischen England, die versuchten, ihre Seelen zu reinigen, um Gott zu gefallen.

Wir sind auf uns selbst gestellt.

Wir sind unser einziger Beobachter.

Wir schrubben unsere Konzepte, um unseren ästhetischen Ansprüchen zu genügen. Wenn wir ein bisschen weiter schrubben, werden wir entdecken, dass das Unvereinbare – religiöse Tradition und Evolutionsbiologie – so unvereinbar gar nicht ist.

Admirale und Russische Bären

Immer wieder fragt jemand, ob es stimmt, dass die Schmetterlinge weniger geworden sind. Sie erleben es so. Als Kinder hätten sie überall, sogar in der Stadt, Falter gesehen. Jetzt vergingen Jahre, da sähen sie nur mehr »die Weißen«. Wenn ich antworte, dass es nicht ganz so schlimm ist, reagiert mein Gegenüber oft fast enttäuscht und widerspricht entschieden.

Die Wahrnehmung, Vielfalt und Anzahl der Tagfalter und anderer Insekten seien innerhalb der letzten fünfzig Jahre geringer geworden, stimmt sicherlich auch. Der erfahrene Verlust wird aber dadurch unterstrichen, dass Erwachsene weniger gut beobachten als Kinder. Eine Dreijährige, die auf den Schultern ihres Vaters durch die Landschaft getragen wird, entdeckt, meiner Erfahrung nach, mehr Schmetterlinge als ein nicht speziell darauf trainierter Erwachsener. Interessant ist, dass jeder, dem ich von meiner Arbeit erzähle, in der Folge weitaus öfter Schmetterlinge sieht.

Als Kind war ich, wie eingangs gesagt, nicht sonderlich an Insekten interessiert. Für mich – subjektiv – stellt es sich so dar, dass es immer mehr Schmetterlinge zu geben scheint. Je intensiver ich mich mit ihnen befasse, desto mehr sehe ich. Schaue ich mitten in Paris aus dem Fenster des Hotelzimmers, sehe ich, in der warmen Jahreszeit, mit Sicherheit einen Falter, vermutlich sogar einen recht hübschen wie den Admiral.

Was meinen Lepidopterologen eigentlich genau, wenn sie von Vielfalt (oder Diversität) sprechen? Im einfachsten Sinn

Den schönen Admiral, Vanessa atalanta, *kann man sogar in Metropolen wie Paris oder London vom Hotelfenster aus beobachten.*

bedeutet das: Arten zählen. Will ich wissen, wie hoch die Schmetterlingsdiversität in einem gewissen Wald ist, gehe ich in den Wald und zähle. Wenn ich das an mehreren Stellen in gleicher Weise mache, gleich lang zähle, gleich genau schaue und das mehrmals wiederhole, kann ich einschätzen, wie vielfältig dieser Wald, was Schmetterlinge betrifft, ist.

Das naturschutzpolitisch magisch aufgeladene Wort ›Biodiversität‹ heißt nichts anderes als Vielfalt an Arten, über alle anwesenden Organismengruppen hinweg.

Nun ist ein Gebiet mit hundert Arten nicht immer gleich divers wie ein anderes Gebiet mit hundert Arten. Das ergibt sich daraus, dass nicht nur die reinen Zahlen zählen, sondern auch, wie sie über die Arten verteilt sind.

Wichtig für die – vom Biologen gemessene – Diversität sind nicht nur reine Artenzahlen, wichtig ist auch die Zahl der Individuen pro Art und die Komplexität der Artengemeinschaft.

Flächen, in denen die Individuenzahlen auf alle Arten relativ gleichmäßig verteilt sind, werden als diverser eingestuft als solche, in denen ein paar wenige Arten dominant und die übrigen nur mit einzelnen Individuen vertreten sind.

WALDSTÜCK 1

1 Fichte

13 Käfer

2 Weißlinge (Pieridae)

1 Eichhorn

50 Gräser und Kräuter

20 Ameisen

13 Sträucher

WALDSTÜCK 2

15 Baumarten

Wolf

Hase

Eichhörnchen

Dachs

3 Mausarten

21 Schmetterlingsarten

12 Sträucher

10 Ameisen

5 Flechten

2 Lianen
14 Gräser und Kräuter
12 Vogelarten
2 Spinnenarten

Ebenfalls wichtig sind die Verbindungen, die die einzelnen Arten miteinander haben. Je mehr Verbindungen – und hier bedeuten Verbindungen oft: der eine frisst den anderen, der eine parasitiert am anderen –, desto komplexer ist das Ökosystem. Höhere Komplexität gilt Biologen als wertvoller als niedrige Komplexität.

Wollte man ein Ökosystem, eine Wiese zum Beispiel, mit einer Person vergleichen, wäre dieser Logik folgend eine Person, die viele Freunde hat (= die Arten, die in dem Lebensraum vorkommen), die ihrerseits sehr unterschiedlichen Berufen nachgehen, und viele berufliche oder persönliche, jedenfalls recht feste Verbindungen mit diesen Freunden hat, diverser, also: interessanter als eine Person, die als Einsiedler lebt und ihr Lebtag lang keinen Kontakt mit anderen pflegt, oder eine Person, die nur Leute kennt, die dasselbe tun wie die Person selbst, mit diesen Leuten aber in keiner Verbindung steht. In Bildern aus der Natur bleibend könnte man auch sagen: Ein Buchenwald wird von Biologen als wertvoller eingestuft als ein Golfrasen oder ein Maisfeld.

Das ist eine vorwiegend ästhetische Entscheidung. Für mich, als Wissenschaftlerin, ist eine Wiese mit dreißig Schmetterlingsarten, von denen jede einzelne nur in geringer Dichte vorkommt, aufregender als ein Ort, an dem ein einziger Falter in Hunderten Individuen pro Quadratmeter fliegt.

Ein Bärenspinner beim Nektarsaugen.

Die Bärenspinner *Euplagia quadripunctaria,* die berühmten Falter aus dem Tal der Schmetterlinge auf Rhodos, wären ein Beispiel für letzteres Szenario. Tausende Individuen sind da auf einen Augenaufschlag zu sehen.

Sie bilden Muster auf Baumstämmen, auf Felswänden, fliegen in Schwärmen, wenn sie durch Wanderer aufgeschreckt werden: sicherlich beeindruckend. Diese Art, auf Deutsch Russischer Bär oder Spanische Flagge genannt, ist ein Nachtfalter, also nächtens aktiv. In den Sommermonaten sitzen die adulten Tiere tagsüber, für Touristen leicht beobachtbar, massenhaft beieinander. Ephraim Kishon erzählt in seinem Buch *Der seekranke Walfisch* darüber, wie er bei einem Besuch auf der Insel die versprochenen Millionen von Faltern eben nicht gesehen hat. Er war wahrscheinlich nicht im Hochsommer dort.

Der Russische Bär kommt übrigens an vielen mediterranen Standorten vor, nur nicht in so auffallenden Dichten wie auf Rhodos. Dort locken ihn, heißt es, die Amberbäume (*Liquidambar orientalis*) mit ihrem (auch für Menschen) wohlriechenden Harz an, an deren Stämmen die Bärenspinner sich vermehren.

Um mir nun selbst zu widersprechen: Es kann durchaus sein, dass ein Ort, an dem nur eine besondere Art vorkommt, eben wegen des Vorkommens dieser weltweit einzigartigen Art, ungleich spannender ist als ein anderer Ort, an dem hundert Arten anzutreffen sind, die sowieso überall existieren.

Der Fall des Russischen Bären ist, aufgrund seiner weltweiten Verbreitung, kein gutes Beispiel dafür; der Russische Bär ist vor allem ein Beispiel für die Schönheit von Schmetterlingen.

Beispiele für bemerkenswerte Arten mit begrenztem Verbreitungsgebiet, das aber nicht unbedingt artenreich sein muss, liefern die Falter der Hochgebirge.

Der Weißpunktierte Mohrenfalter *Erebia claudina* kommt nur in einem Teil der österreichischen Alpen vor und zwar ausschließlich in hohen Lagen, vor allem oberhalb der Baumgrenze. Sein Lebensraum sind karge hochalpine Rasen; keineswegs die artenreichste Landschaft Mitteleuropas, aber voller Organismen, die es nirgendwo sonst gibt.

Oft findet man seltene Arten auf Inseln, zum Beispiel den Sardischen Ameisenbläuling, *Pseudophilotes barbagiae*. Dieser Schmetterling ist recht klein, bräunlich gefärbt, hat oft nur 1,5 Zentimeter Flügelspannweite, ähnelt beim Fliegen einer Motte und kommt nur auf wenigen Hängen des Bergmassivs des Gennargentu in Nordsardinien vor. Die Standorte sind profan, das Tier fliegt sogar neben der Schnellstraße. Solange der Hang mit Thymian bewachsen ist, findet der Ameisenbläuling sein Auskommen. Auch die Lebensräume dieses Falters sind nicht insgesamt artenreich, sondern schlicht deswegen speziell, weil er dort vorkommt.

Die Quintessenz der Geschichte: Unter Umständen kann eine Straßenböschung lepidopterologisch interessanter sein als ein Urwald.

Fragen über Fragen

»Ich bin nur Ihretwegen gekommen«, ein Herr im T-Shirt mit aufgedrucktem Schmetterlingsschwarm eilt mir entgegen, »ich habe auf Sie gewartet, ich muss mit Ihnen reden, meine Frau hat Sie identifiziert, Sie sind die Einzige, die wissen, was mich auf dieser Tagung wirklich interessiert.«

Ich bin geschmeichelt und überrascht. An diesem lauen Augustabend beginnt die Konferenz der Europäischen Schmetterlingsgesellschaft. Auf den Betonplatten vor der American University in der bulgarischen Stadt Blagoevgrad sind Tische und Sessel aufgestellt; warmes Bier, Wein und Limonaden werden gereicht. Der Herr, der angeregt mit mir spricht, ist der Präsident der israelischen Schmetterlingsgesellschaft, Dubi Benyamini, von Beruf Ingenieur, mittlerweile im Ruhestand. Jetzt ist die Forschung an Faltern in all ihren Entwicklungsstadien seine Hauptbeschäftigung.

In seinem Vortrag wird er über die Dauer der Puppenruhe bei Schmetterlingen berichten, die in Wüsten leben. Er hat den größten Datensatz (weltweit, denke ich) an Beobachtungen, wie lange Tiere in Puppenruhe bleiben, bevor sie schlüpfen.

Sein Leben lang hat er Puppen gesammelt, sie aufbewahrt, gewartet, bis sie schlüpfen, und darüber Buch geführt. Bei manchen Puppen tat sich ein Jahrzehnt lang gar nichts, erst dann schlüpfte der Falter. Den bisherigen Rekord in seiner Sammlung stellte ein Exemplar von *Euchloe falloui* auf. Erst nach 5430 Tagen (15 Jahren!) kam der Falter hervor.[13] *Euchloe falloui,* die nur einen englischen Namen hat, *the Scarce Green-striped White,* und in der Sahara, auf der Arabischen Halbinsel, in Israel und Jordanien vorkommt, gehört zur Familie der Weißlinge. Die Mitglieder dieser Familie sind Dubi Benyaminis Studien zufolge die am längsten im Puppenstadium überdauernden, danach kommen die Ritterfalter, von denen einige Exemplare fünf Jahre lang reglos durchhalten, bis sie schlüpfen.

Er führt alles sorgfältig in einer Powerpoint-Präsentation mit Grafiken und Excel-Tabellen vor; sein Sohn habe ihm dabei geholfen, erzählt er. Darin stecken über mindestens vierzig Jahre hinweg gesammelte Beobachtungen.

Während eines dreijährigen Aufenthalts in Chile übergab er den Käfig mit den Puppen von *Euchloe falloui* einem Freund, der sie für ihn aufbewahrte. Glücklicherweise war nach drei Jahren noch nichts geschlüpft, sodass es doch Dubi selbst war, der den Schlupf seiner »World Champions«, wie er sie nennt, verfolgen konnte. Bei der Tagung zeigt er uns einen Film des Schlüpfvorgangs. Vierzig Tage lang hat er die Puppe ununterbrochen filmen lassen, bis es endlich so weit war.

Dubi Benyaminis dringende Frage an mich betrifft meine Ochsenaugen. Wie ich es angestellt hätte, sie zur Eiablage zu bringen. Er versuche das seit Jahren, und es gelinge ihm einfach nicht. Sie säßen da, monatelang, und nichts geschähe.

»Genauso verhalten sie sich auch bei mir«, sage ich ihm. »Die israelischen Ochsenaugen sind wie meine aus Sardinien, die haben im Sommer Pause.«

Er sieht mich überrascht an.

»Das kommt durch das mediterrane Klima. Erst nach Ende der heißesten Zeit legen sie Eier, man muss Geduld haben.

Kohlweißling und Rübenweißling, gezeichnet von Jacob Hübner.

Während des trockenen Sommers ist das Gras dürr, die jungen Räupchen hätten nichts zu fressen. Erst danach, nach den ersten Regenfällen im Herbst, sprießt das Gras wieder.«

»Aha«, sagt Dubi. »Ich habe sie aber monatelang gehabt, schlussendlich sind sie jedes Mal gestorben, ohne Eier zu legen.«

»Hast du sie feucht genug gehalten? In Häusern oder Wohnungen ist es Insekten oft zu trocken. Man muss sie regelmäßig befeuchten.«

»Ich habe die Käfige in den Garten gestellt. Unter einen Baum, in den Schatten.«

»Man muss sie auch füttern, hast du sie gefüttert?«

»Füttern? Nein.«

»Du musst ihnen Zuckerwasser geben, das ist die einfachste Möglichkeit. Oder du schneidest ihnen Obst auf, saftige Früchte, daran saugen sie auch.«

»Das muss ich versuchen!«, entgegnet er enthusiastisch.

»Es funktioniert bestimmt. Bei mir hat es immer funktioniert. Eine andere Möglichkeit ist, ihnen einen verfrühten Herbsteinbruch vorzugaukeln.«

»Wie machst du das?«

»Im Labor an der Universität haben wir Klimaschränke, da kann man Temperatur und Tageslänge einstellen. Ich verkürze die Tageslänge dahingehend, dass für die Schmetterlinge Herbst ist, acht Stunden Helligkeit, 16 Stunden Dunkelheit. Die Temperatur ändert sich parallel dazu.«

»Solche Schränke habe ich nicht«, sagt er nachdenklich.

»Dann musst du warten. Oder ich kann deine Falter für dich zur Eiablage bringen. Wenn du sie mir zukommen lässt.

Du könntest versuchen, sie lebend per Post zu schicken. Das klappt meistens. Wenn du sie gut verpackst.«

»Ich könnte sie dir vorbeibringen, nächsten Monat. Da fahre ich mit meiner Frau und meinen Cousins nach Slowenien zum Alpinismus, wir fliegen nach Wien und mieten dort einen Wagen, wenn du jemanden zum Flughafen schickst, der die Tiere abholt, bringe ich sie mit.«

»Fantastisch, das machen wir!« Ich bin von seinem Vorschlag begeistert. Auf diese Weise bekäme ich israelische Falter und könnte testen, ob sich die israelischen Falter genetisch von den mitteleuropäischen oder mediterranen unterscheiden.

»Ich kann dir dann auch unser Labor und die Klimaschränke zeigen, wenn du willst. Wenn du in die Stadt kommst, können wir essen gehen«, schlage ich vor.

»Ein Schnitzel!«, sagt er, »dann will ich aber unbedingt ein Schnitzel.«

»Abgemacht. Ich lade dich ein.«

Ich hatte geplant, Augenfalter zu züchten, europäische. Wer schon einmal in einem Schmetterlingshaus war oder in einem zoologischen Garten, der auch Schmetterlinge ausstellt, weiß: Dort werden in der Regel tropische Arten gezeigt. Der Grund dafür ist nicht nur, dass sie meist bunter und größer sind als europäische, der Grund ist banaler: Sie sind leichter zu züchten. Tropische Arten sind in ihrer Entwicklung nicht von Jahreszeiten abhängig, sie gedeihen bei konstant warmer Temperatur und haben mehrere Generationen pro Jahr. Das heißt, es gibt dauernd Falter. Parallel dazu sind auch die anderen Metamorphosestadien vorhanden. Bei europäischen Faltern ist die Angelegenheit komplizierter. Sie brauchen Temperaturschwankungen und im Jahresverlauf veränderliche Tageslängen, um sich gut zu entwickeln; viele von ihnen haben nur eine Generation pro Jahr und sind den größten Teil ihres Lebens Raupe oder Puppe, während die Besucher von Schmetterlingshäusern Falter sehen wollen. Viele europäische Arten brauchen Futterpflanzen, die schwer ganzjährig zu kultivieren sind. Gräser beispielsweise, mittels derer sich, wegen ihres geringen Eiweißgehalts, die Entwicklung sehr langsam vollzieht; die Raupen fressen und wachsen monatelang. Andere fressen die Blätter von Bäumen, die nur schwer in Glashäusern überleben; das bedeutet, jemand müsste täglich frisches Futter pflücken. Wieder andere fressen seltene Pflanzen, die nur im Hochgebirge vorkommen. Manche halten entweder eine Sommer- oder eine Winterruhe oder – wie einige hochalpine Arten – verfallen sogar in eine mehrjährige Ruhephase.

Nichtsdestotrotz war ich entschlossen, europäische Falter zu züchten.

Augenfalter leben im Larvenstadium an Gräsern. Auch wenn man sich keine Art mit mehrjähriger Raupenruhe aussucht, bedeutet das Züchten solcher Schmetterlinge vor allem: Warten.

Die Tiere, auf die es mir ankam, Augenfalter aus dem Mittelmeerraum, halten in der warmen Jahreszeit einen mehrere Monate dauernden Sommerschlaf. Das wiederum tun sie, weil sie Gras fressen: Die Weibchen, die im Hinterleib Hunderte von befruchteten Eiern tragen, schützen diese, wenn sie an heißen Standorten leben, in ihren Körpern vor Austrocknung und überdauern so die sommerliche Dürrezeit in mediterranen Gebieten, bis im Herbst nach den ersten Regenfällen die

Gräser wieder zu wachsen beginnen. Dann legen sie ihre Eier. Millimeterkleine Raupen schlüpfen nach ein paar Tagen und beginnen sofort oder wenige Stunden später zu fressen.

In der Natur bedeutet der Sommerschlaf, dass die Falter schattige Plätze am Waldrand oder unter Sträuchern aufsuchen, dort sitzen, sich möglichst wenig bewegen, nur ab und zu Nektarquellen, wie Disteln, aufsuchen und dann wieder verschwinden.

Im Zuchtalltag heißt das, dass sie monatelang in ihren Gefäßen sitzen und sich kaum rühren, jedoch täglich befeuchtet und mit Zuckerwasser versorgt werden wollen. Das ›Gießen‹ der Schmetterlinge – wie ein Student, der meine Tiere einige Monate lang versorgte, es nannte – ist essenziell für eine erfolgreiche Zucht.

Wie kommt ein erwachsener Mensch dazu, Schmetterlinge zu züchten? Ist das nicht eher eine Beschäftigung für Kinder als für Wissenschaftler? Wissenschaftler ähneln Kindern in ihrer Ernsthaftigkeit, sich hingebungsvoll mit etwas zu befassen, das für die meisten Menschen wenig Bedeutung hat.

In der Mainstream-Wissenschaft ist das Züchten von Faltern, von Tieren überhaupt, trotzdem momentan unmodern; außer es handelt sich um Fruchtfliegen oder Modellorganismen, die über den Zustand der menschlichen Darmflora Auskunft geben. Aufgrund des geringen technischen Aufwands, mit dem man Schmetterlinge züchten kann, ist dieser Teil der Forschung vorwiegend den ›Laien‹ oder ›Amateuren‹ vorbehalten, ihnen verdanken wir viel an Detailwissen über die Biologie einzelner, oft seltener und schwer zu beobachtender Arten.

Nur wenige Arbeitsgruppen an großen bekannten Universitäten widmen sich dem individuellen Studium einzelner Falter – seien es Individuen, seien es Arten. Grund dafür ist schlicht, dass es eine langwierige, unvorhersehbare Arbeit ist und meist nicht durch Publikationen in hochrangigen Journals ›belohnt‹ wird. Wer möglichst rasch Professorin oder Professor werden will, hält sich von der aufwändigen Tagfalterzucht fern, hält sich überhaupt fern von Experimenten, die mit lebenden Organismen zu tun haben. Genetik oder Theorie sind ungleich besser kontrollierbar und bieten bessere Publikations- und dadurch Aufstiegschancen.

Die meisten Wissenschaftler geben die Schmetterlingszucht im Lauf des Erwachsenwerdens auf. Aber nicht alle. Auch hier gibt es Ausnahmen.

Zwei berühmte Forschergruppen, für die die Tagfalterzucht ein wichtiges Standbein darstellt, werden beide derzeit vom britischen Cambridge aus geleitet und konzentrieren sich auf tropische Arten. Ein ›Ableger‹ einer der beiden Gruppen arbeitet von der Yale University aus und befindet sich zurzeit in Singapur, diese Gruppe leitet Antónia Monteiro. Die Forscherin mit portugiesischen Wurzeln befasst sich mit der Entwicklung der Flügelmuster von *Bicyclus*-Schmetterlingen, einer afrikanischen Gattung von Augenfaltern. Sie untersucht unter anderem, wie bestimmte Gene die Ausprägung der Augenflecken beeinflussen; was ihr die Möglichkeit bietet, bei Vorträgen wunderschöne Bilder der eingefärbten Gene zu zeigen.

Als ich in Amsterdam begann, an meiner Dissertation zu arbeiten, war Antónia gerade PostDoc an der Universität Leiden bei Paul Brakefield. Er ist mittlerweile Direktor des zoologischen Museums in Cambridge und Leiter eines beachtlichen

Die afrikanische Gattung Bicyclus *lässt sich auch in England züchten.*

Labors, das Hunderte von *Bicyclus*-Faltern gleichzeitig aufziehen kann. Paul wiederum arbeitete einst, zur Zeit seiner eigenen Doktorarbeit, an den Ochsenaugen der Gattung *Maniola,* mit denen ich mich jetzt beschäftige.

Beide standen wir wochen- und monatelang in Wiesen, rannten über Wiesen, das Netz in der Hand, markierten Falter, zählten sie, schauten, wo sie sich niederließen, um Nektar zu saugen, wo sie ihre Eier ablegten usw. Beide studierten wir das Privatleben von Tieren, die theoretisch jeder sehen kann, praktisch aber kaum jemand beachtet.

Er allerdings zwanzig Jahre früher als ich. Er richtete sein Augenmerk bald auf den afrikanischen Genus, die Ochsenau-

Heliconius melpomene *und* H. numata, *eine Illustration aus dem Jahr 1853. Die neotropische Gattung* Heliconius *ist mittlerweile ein wichtiger Modellorganismus der Evolutionsforschung.*

gen blieben mir. Alle paar Jahre begegnen wir einander auf Kongressen.

In gewisser Weise sind Schmetterlingsforscher eine weit verzweigte Familie, deren Mitglieder sich alle irgendwie kennen; zumindest aus der Literatur. Je mehr Artikel man von jemandem gelesen hat, seien sie auch in wissenschaftlichem Fachjargon geschrieben, desto besser ›kennt‹ man den Kollegen. Sogar diese Textsorte übermittelt, trotz aller Formalisierung, ein Bild des Autors. Das heißt, sogar wenn man selten Tagungen besucht, ist man fast allen internationalen Kollegen des Fachgebiets doch hier oder da einmal begegnet.

Die dritte in der Welt der Schmetterlingsgelehrten berühmte Forschergruppe konzentriert sich wieder auf eine tropische Gattung, die Passionsblumenfalter der Gattung *Heliconius*. Ihr derzeitiges Zugpferd, Chris Jiggins, arbeitet ebenfalls von Cambridge aus.

Passionsblumenfalter findet man in vielen Tiergärten und Schmetterlingshäusern, sie sind relativ grell gefärbt, oft mit roten, orangefarbigen, gelben oder blauen Streifen. Viele von ihnen sind giftig und die Färbung der Flügel weist die Fressfeinde auf ihre Unbekömmlichkeit hin. Diejenigen, die gefahrlos verzehrbar sind, sehen allerdings genauso aus wie die giftigen, sodass Vögel und andere Jäger wie Reptilien sie von ihrem Speiseplan streichen.

Wer *Heliconius* zuallererst als Studienobjekt entdeckt und etabliert hat, ist im Nachhinein nicht ganz klar zu sagen. Für mich ist es Jim Mallet, der lange am University College London lehrte und nach seiner dortigen Emeritierung vor wenigen Jahren an die amerikanische Ostküste nach Harvard zog. Seine zwei ›Lieblingstiere‹, die er als bevorzugte Modellorganismen für seine evolutionsbiologischen Überlegungen ausmachte, sind *Heliconius melpomene* und *H. erato* – die Genusbezeichnung kürzen Biologen üblicherweise ab, sobald das Tier einmal mit vollem Namen im Text erwähnt wurde. Diese beiden Arten können sowohl identisch aussehen, wobei sie gegenseitig von den Giftigkeitszeichen auf den Flügeln profitieren, als auch innerhalb einer Art vollkommen anders gemustert sein, sodass man sie für gänzlich verschiedene Spezies halten könnte. Das macht sie so interessant für Evolutionsbiologen.

Fast jeder Wissenschaftler, der sein Leben dem Studium von Schmetterlingen widmet und versucht auf diesem Gebiet eine Karriere aufzubauen, hat früher oder später mit einer dieser Forschergruppen oder Schmetterlingsgattungen zu tun, sei es in Form eines Postdoktorandenprojekts, eines Praktikums oder indem er sich an den Experimenten, die an *Heliconius* oder *Bicyclus* gemacht wurden, orientiert und für Eigenes inspirieren lässt.

Warum wollte ich Schmetterlinge züchten? In den 15 Jahren, in denen ich mich mit Augenfaltern beschäftigte, waren zentrale Fragen offen geblieben, die sich mit Beobachtungen im Freiland ebenso wenig lösen ließen wie mit dem Studium ihrer Genetik.

Zu diesen Fragen gehörte eine ganz einfache, die mir mein Großvater, der Gärtner war, stellte, als ich ihm berichtete, ich habe jetzt einen Doktortitel. Er brachte mich damit gehörig in Verlegenheit.

»Was fressen deine Tiere eigentlich wirklich?«, lautete die Frage meines Großvaters. »Gras, ja, aber welche Art von Gras?«

Ich wusste es nicht sicher. In der Literatur kursierten allerlei Vermutungen, Beobachtungen, die damit begannen, dass die Sardischen Ochsenaugen nur eine einzige Art von Gras fraßen, und damit endeten, dass die europäischen Ochsenaugen ganz und gar nicht heikel waren und alles fraßen, solange es entfernt Gras glich.

Ich begann nachts, denn die Raupen der Gattung *Maniola* sind nachtaktiv, mit einer Taschenlampe im Gestrüpp herumzukriechen – besonders im sardischen Gestrüpp eine mühsame Angelegenheit, weil das Buschwerk dort sehr dicht ist. Nur Ziegen kommen da ohne Abschürfungen durch. Einmal verirrte ich mich so sehr, dass ein Kollege die Forstverwaltung alarmierte.

Mitten in der Nacht warteten zwei Forstarbeiter neben meinem Auto auf mich, als ich unverrichteter Dinge zurückkehrte. Ich hatte keine einzige Raupe gefunden.

Eine zweite Frage, die mich beschäftigte, war die, wie Ochsenaugen einander erkannten. Wie wussten sie, dass sie es mit einem anderen Ochsenauge zu tun hatten und nicht mit einem Schwalbenschwanz, und wie vermochten sie zu erkennen, dass dieses Ochsenauge als Sexualpartner für sie taugte? Konnten sie überhaupt zwischen den verschiedenen, von Menschen als unterschiedliche Arten beschriebenen Ochsenaugen unterscheiden?

Die dritte Frage, auf die ich trotz der jahrelangen Beschäftigung mit *Maniola* noch keine Antwort hatte, betraf die Sommerruhe der Weibchen im Mittelmeerraum: Wie lange ruhten sie, wie tief war der ›Schlaf‹, und wie wussten sie, wann sie wieder aufwachen durften? Wann es feucht genug war, Eier zu legen?

Auch diese Frage betreffend gab es Berichte von Kollegen und Quellen in der Fachliteratur. Doch alle waren irgendwie unzureichend und schienen mehr auf Vermutungen zu basieren als auf richtigen Daten von Experimenten mit echten Tieren.

Ich könnte noch eine Vielzahl weiterer Fragen auflisten, jede Frage zieht andere nach sich, das ist das Wesen der Wissenschaft, auch der Lepidopterologie.

Anstatt mir weitere Fragen auszudenken, begann ich, Augenfalter zu halten. Zu der mir zur Verfügung stehenden Ausstattung gehörten zwei sogenannte Klimaschränke, die kühlschrankähnlichen metallenen Kästen, in denen sich Temperatur und Lichtverhältnisse einstellen lassen, über die ich auch mit Dubi Benyamini gesprochen hatte. Wie viele Stunden pro Tag soll es hell sein, wie viele dunkel? Wann soll es warm sein, wann Abkühlung geben?

Nach einer ungefähren Schätzung, wie viele Tiere ich da unterbringen können würde, reiste ich Ende Mai in Begleitung zweier Studentinnen, Angelina und Elena, nach Sardinien.

Wir kehrten mit hundert befruchteten Weibchen zurück. Die Hälfte davon gehörten zur auf der Insel endemischen Art *Maniola nurag,* die andere Hälfte zur in Europa weit verbreiteten *Maniola jurtina.* Wir transportierten die Falter in kleinen Säckchen aus glattem, halb durchsichtigem Papier, die der Entomologenhandel speziell dafür verkauft; sie ähneln den kleinen Umschlägen, in denen früher Briefmarken verkauft wurden. Wir steckten die Falter in den Säckchen in Schachteln und die Schachteln in unser Handgepäck. Alle Tiere kamen unversehrt an.

Weitere fünfzig Weibchen sammelte die eine der beiden Studentinnen, Elena, in der Umgebung Wiens. Wenn wir die drei Gruppen unter gleichen Bedingungen hielten, würden wir testen können, welche Unterschiede es zwischen den mediterranen und den mitteleuropäischen Faltern gibt.

Spannend blieb: Würden die Tiere überhaupt Eier legen?

In der Begrenzung unserer zwei Klimaschränke konnten wir verschiedene ökologische Zustände herstellen: (a) sommerlich mit langen Tagen (16 Stunden hell, 8 Stunden dunkel), (b) herbstlich mit kurzen Tagen (11 Stunden hell, 13 Stunden dunkel), (c) sommerlich mit frischem Gras, (d) herbstlich mit frischem Gras, (e) sommerlich ohne Gras, (f) herbstlich ohne Gras.

Nun begann das Warten. Das Gras schnitten wir, beziehungsweise vor allem Elena schnitt es täglich auf der Wiese im botanischen Garten hinter unserem Institut. Die Gärtner hatten es extra für uns gepflanzt. Wir hatten Rot-Schwingel (*Festuca rubra*) und Weidelgras (*Lolium perenne*) bestellt; der Rot-Schwingel gedieh besser, den schnitten wir also regelmäßig, besser gesagt: Elena schnitt ihn. Nach wenigen Tagen legten die Wiener Tiere Eier, zuerst in dem Kasten mit den herbstlichen Lichtverhältnissen, kurz darauf auch im anderen. Die Tiere aus Sardinien zierten sich. Sie saßen in ihren Behältern, saugten Zuckerwasser, flatterten ab und zu auf, wenn der Schatten unserer Hände sie erschreckte. Das war alles.

Wochen vergingen.

Die Wiener Tiere starben.

Die Tiere aus Sardinien saßen da, saugten Zuckerwasser, wippten ab und zu mit den Flügeln. Diejenigen, die unter herbstlichen Lichtverhältnissen lebten, begannen mit der Zeit etwas zerzauster auszusehen als die anderen. Oder bildeten wir uns das nur ein?

Elena schnitt Gras, besprühte täglich die Schmetterlinge mit Wasser, tropfte ihnen Zuckerwasser vor die Rüssel. Endlich begannen auch die mediterranen Tiere im herbstlichen Zuchtkasten Eier zu legen.

Elena zählte Eier.

Jeden Tag und an den Tagen, an denen sie nicht zählen konnte, bat sie ihren Freund oder Studienkollegen oder mich, sie zu vertreten.

Die Eier wurden immer mehr. Hunderte. Tausende.

Elena ging in die Apotheke und kaufte sich Koffeinpillen.

Aus den Eiern schlüpften Raupen, die so viel fraßen, dass man sie auf lebendem Gras halten musste. Wir baten die Gärtner um Töpfe mit Gras. Zuvorkommend wie Gärtner sind, bekamen wir von nun an regelmäßig frische Töpfe, in denen Gras wuchs.

Es wurde Herbst.

Auf Sardinien legen alle Ochsenaugenschmetterlinge ihre Eier Ende September, Anfang Oktober.

Es wurde Winter.

Noch immer gab es mindestens fünfzig Schmetterlinge, die noch kein einziges Ei gelegt hatten. Es waren diejenigen aus Sardinien, jene, die unter sommerlichen Lichtbedingungen lebten. Ob frisches Gras vorhanden war oder nicht, spielte für die Eiablage keine Rolle. Die Wiener Falter waren mittlerweile alle gestorben, ihre Nachkommen, Raupen, die anfangs bräunlich waren, dann grüner und grüner wurden, fraßen und schissen auf das Gras, das darunter litt und vergilbte. Jedes Mal, wenn

Zum Stillleben mit Blumen in einer gläsernen Vase *des niederländischen Malers Jan Davidsz. de Heem gehören auch Raupe und Distelfalter.*

wir einen Topf handlicher Wiese, in der zig Räupchen lebten, austauschen wollten, mussten wir jede einzelne Raupe suchen und mit einem Pinsel oder einer Pinzette von einem Grashalm auf einen anderen setzen. Elena war vollauf beschäftigt.

Es wurde Weihnachten.

Elena fragte ihren Freund, ob er am 24. Dezember für sie die Schmetterlinge füttern könne.

Im Klimaschrank mit Herbstbedingungen lebte kein Falter mehr.

Im Sommerschrank begannen die meisten Tiere, Eier zu legen, sie legten einige Tage bis mehrere Wochen; sie begannen mit einzelnen Eiern, legten dann durchschnittlich zwanzig und selten hundert Eier pro Tag, bis es dann wieder mit einzelnen Eiern endete.

Einige Falter lebten bis in den Februar hinein.

Als das langlebigste Weibchen starb, schickte Elena mir eine jubelnde SMS. Das Tier hatte 285 Tage als Falter gelebt, mehr als dreimal so lang, wie die Falter in der freien Natur leben.[14] Es war ein Sardisches Ochsenauge, *Maniola nurag*.

Das ist, soweit ich weiß, ein Rekord für einen europäischen Tagfalter. Noch nie wurde einer beobachtet, der länger lebte. Zumindest gibt es keine Aufzeichnungen davon.

In den Töpfen wurlte es vor grasgrünen Raupen.

Frage Nummer drei war damit beantwortet. Die Weibchen wissen, anhand der Zahl der Helligkeitsstunden pro Tag, wann es Zeit ist, Eier zu legen. Zumindest, wenn sie aus dem Mittelmeerraum kommen. Wenn sie Wiener Weibchen sind, legen sie ihre Eier möglichst rasch. In Wien wächst den ganzen Sommer über Gras.

Eine andere Frage, die mir Schmetterlingsinteressierte gerne stellen, wäre damit ebenfalls beantwortet. Die Frage, wie alt Schmetterlinge als Schmetterlinge eigentlich werden? Antwort: Schmetterlinge werden einige wenige bis 285 Tage alt.

Noch nicht beantwortet sind die Fragen eins und zwei. Und ebenso wenig beantwortet ist eine neue Frage. Wie stellen Schmetterlinge es an, ihr Leben bei Bedarf einfach auf das Dreifache des in der Natur für sie bestimmten Zeitraums auszudehnen? Wie schaffen sie das physiologisch und genetisch? Was ist ihr Geheimnis?

Mein Großvater ist inzwischen verstorben.

Die beiden Studentinnen sind ausgebildete Biologinnen.

Eine davon hat ein Kind geboren.

Die Falter aus Israel haben Eier gelegt.

Ich könnte den Rest meines Lebens als Angestellte der Augenfalter verbringen. Was sie mir verraten würden, ist nicht vorauszusehen.

Portraits

Die hier dargestellten Arten sind nur ein kleiner Teil der auf dem europäischen Kontinent bekannten Tagfalter. Mehr als 500 Arten wurden seit der Einführung der binären Nomenklatur durch Carl von Linné im Jahr 1758 allein für Europa beschrieben. Ich habe mich in dieser kleinen Auswahl aus den Tausenden Lepidopterenarten, die es gibt, auf tagsüber fliegende Schmetterlinge beschränkt, weil sie mir näherstehen und weil sie für den Laien leichter zu beobachten sind. Außer ihrer Aktivität bei Tageslicht eint diese Gruppe noch ein Charakteristikum: Die Enden ihrer Fühler sind keulenförmig verdickt. Nachtaktive Schmetterlinge haben faden- oder fächerförmige Fühler.

Zu den Tagfaltern Europas gehören sechs Familien: Edelfalter (Nymphalidae), Ritterfalter (Papilionidae), Bläulinge (Lycaenidae), Weißlinge (Pieridae), Dickkopffalter (Hesperiidae), und Würfelfalter (Riodinidae). Erkennt man, in welche Familie ein Tier gehört, ist man in der Bestimmung der Art schon weit gekommen. Grundsätzlich lässt sich sagen, Edel- und Ritterfalter sind ziemlich groß und bunt, sie ähneln dem Tagpfauenauge oder dem Schwalbenschwanz. Bläulinge sind eher klein, zart und blau oder braun gefärbt. Weißlinge sind größer, von transparenter Gestalt und hell gefärbt, meist weiß oder gelb. Dickkopffalter sind klein und gedrungen, mit auffallend dickem Kopf. Die Würfelfalter, eine ziemlich heterogene Gruppe, sind in Europa nur mit einer Art vertreten, dem Schlüsselblumen-Würfelfalter.

Die Auswahl der dargestellten Schmetterlinge entspricht meinen persönlichen Vorlieben. Die Augenfalter, Schwerpunkt meiner Forschung, bekommen ein besonderes Augenmerk.

Für einige dieser Tiere gibt es keine deutschen Namen, weil sie in deutschsprachigen Gegenden nicht vorkommen und nicht allgemein bekannt sind. Oft gibt es gar keine Trivialnamen, sondern nur die wissenschaftlichen. In solchen Fällen musste ich Bezeichnungen erfinden. Die Abbildungen zeigen die Oberseite der Schmetterlinge in ihrer Lebensgröße.

Ochsenauge

Maniola jurtina LINNAEUS, 1758

Meadow brown

Myrtil

Auf Deutsch heißen sie Ochsenaugen – warum dieser Name, ist ähnlich rätselhaft wie die Frage, warum französische Wanduhren aus dem 19. Jahrhundert ihn tragen. Sie sind Verschwindespezialisten. Kommt man ihnen zu nahe, klappen sie sich zusammen, schneller als man schauen kann, lassen sich fallen wie ein Blatt aus Blei. Wo gerade noch ein Falter war, ist auf einmal nichts mehr da. Jeder müsste diesen Schmetterling eigentlich schon einmal gesehen, kaum jemand wird ihn bemerkt haben. Das Ochsenauge ist einer der häufigsten Falter Europas, über den ganzen Kontinent verbreitet, mit Ausnahme des äußersten Nordens. Auch dorthin wandert es in den letzten Jahrzehnten jedoch aufgrund des wärmer werdenden Klimas. Ochsenaugen kommen in Höhenlagen von 0 bis zu 1500 Metern vor.

Die Tiere fliegen in einer Generation pro Jahr und sind, je nach geografischer Lage, von März bis Ende September aktiv. Innerhalb weniger Tage nach der Eiablage schlüpfen die Raupen, kaum einen Millimeter groß. Sie sind durchsichtig oder bräunlich, sobald sie zu fressen beginnen, werden sie stündlich grüner, bis sie schließlich von den Grasstängeln, auf denen sie sitzen, kaum zu unterscheiden sind. Die Raupen der Ochsenaugen ernähren sich von verschiedenen Süßgräsern (Poaceae), zum Beispiel dem Wiesen-Rispengras (*Poa pratensis*) und dem Wiesen-Schwingel (*Festuca spp.*). Sie sind großteils nachtaktiv. Den Winter überdauert das Wesen als Raupe. Erst im späten Frühjahr verpuppt sich das Tier.

♀

♂

Sardisches Ochsenauge

Maniola nurag GHILIANI, 1852

Sardinian meadow brown

Myrtil sarde

Diese Art ist seit 15 Jahren mein wichtigster Arbeitgeber. Seit ich meine Doktorarbeit über sie verfasste, kreisen die meisten meiner Forschungsprojekte um sie. Das Sardische Ochsenauge lebt nur auf der Mittelmeerinsel Sardinien, in den Bergregionen oberhalb von 700 Metern. Es teilt sich den Lebensraum mit *Maniola jurtina,* das wiederum vor allem in niedrigen Lagen unter 700 Metern vorkommt. Auf halber Höhe treffen sich die beiden und vermischen sich auch sexuell; sie formen Hybride, die morphologisch ein Mittelding zwischen den beiden sind. Das Sardische Ochsenauge ist deutlich kleiner als das europäische, die Männchen haben klarer definierte Flügelmuster mit deutlichen orangefarbigen Flecken. Wenn man mich fragt, ist das Sardische Ochsenauge das hübscheste von allen Ochsenaugen.

Die Tiere fliegen von Ende Mai bis Ende September in Populationen bis zu tausend Individuen. Allerdings muss man wissen, wo. Fährt man auf gut Glück durch Sardinien, ist die Chance, ihnen zu begegnen, gering. Sie bevorzugen Gebüsch mit Wiesenflächen darin, vereinzelten Bäumen; auch sanfte Beweidung erdulden sie. Oft leben sie an steilen Hängen, in denen dem Schmetterlingsforscher das Vorwärtskommen schwerfällt. Auch sie halten einen mehrere Monate dauernden Sommerschlaf, den sie erst im Herbst unterbrechen, um die Eier abzulegen. Dieser Schlaf ist keine tiefe Bewusstlosigkeit, sondern eine Art leichter Lethargie, aus der man sie wecken kann, z. B. indem man durch das Gebüsch streift.

♀

♂

Türkisches Ochsenauge
Maniola telmessia ZELLER, 1847

Turkish/Aegean meadow brown
Myrtil de Zeller

»Die zwei Männchen und vier Weibchen zeichnen sich außer durch ihre kürzeren, abgerundeteren Flügel, durch mehr Roth auf der Oberseite, mehr Grau auf der Unterseite und die größere Nähe zwischen dem Augenfleck und der bräunlichen Schattenlinie auf der Unterseite der Vorderflügel vor Janira aus«, schrieb der Entomologe Philipp Christoph Zeller, der diese Art im Jahre 1847 beschrieb. Zeller studierte an der Universität Berlin und arbeitete später als Lehrer in Glogau und Meseritz, zwei Städtchen, die im heutigen Polen liegen. In seiner Erstbeschreibung des Türkischen Ochsenauges heißt es weiter: »Die Flügelgestalt gibt ihnen sichere Ansprüche auf das Recht einer eigenen Art, da sie bei keiner Varietät der Janira je so abgerundet vorkommt.« Zu Zellers Zeiten gehörten die Ochsenaugen noch in die Gattung *Hipparchia,* und was wir heute als *Maniola jurtina* kennen, wurde damals als *Hipparchia janira* bezeichnet. Der Entomologe sammelte sein Typenmaterial für *Maniola telmessia* auf Rhodos und in Marmaris am türkischen Festland, wo er zwei Männchen einsammelte; vier Weibchen wiederum stammten von Rhodos und von der vorgelagerten Insel Makri. »Die Männchen kleiner als unsere Hipp. Janira haben auf den Vorderflügeln den schwarzen, rauhen Fleck kleiner, schmäler und schärfer begrenzt, die rothgelbe Einfassung des Augenflecks breiter und außerdem den Raum zwischen den Ästen der Meridianader in verwischter Begrenzung rothgelb.« Auch dieses Ochsenauge lebt an grasreichen Orten. Die Weibchen halten eine Sommerruhe.

♀

♂

Bodrum-Ochsenauge

Maniola halicarnassus THOMSON, 1987

Bodrum Meadow Brown

Myrtil de Thomson

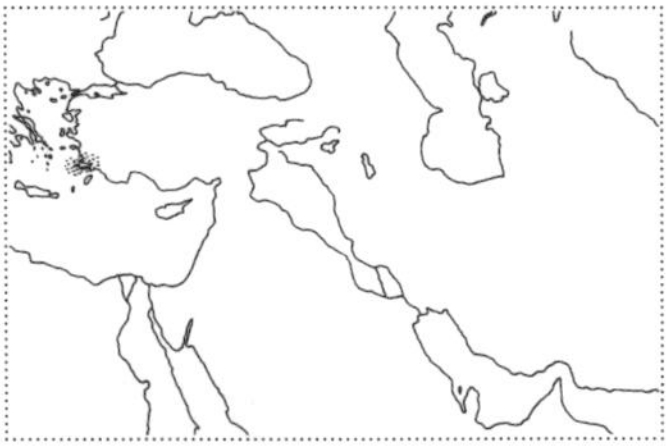

Dieses Ochsenauge kommt auf einem relativ kleinen Gebiet am südöstlichen Rand der Türkei, der Bodrum-Halbinsel, sowie der vorgelagerten griechischen Insel Nisyros vor. Die Art wurde im Jahr 1990 von George Thomson beschrieben. Lebensraum und Lebensstil betreffend, gleicht das Bodrum-Ochsenauge den anderen Ochsenaugen. Es fliegt in einer Generation von Mai bis September, wobei im Herbst meist nur mehr Weibchen zu finden sind, die den Sommer an schattige Plätze zurückgezogen in einer Ruhephase überdauern. In einer Arbeit von 1991, in der er die Eier der Gattung *Maniola* und der ihr ähnlichen Arten mit dem Elektronenmikroskop vergleichend untersucht und fotografisch dokumentiert, zählt Thomson bei *halicarnassus* 9–18 Längsrippen, während die Eier der kleineren, aber im Übrigen ähnlichen Art *telmessia* 14–16 Längsrippen aufweisen. Nach ungefähr einer Woche schlüpfen daraus winzige durchsichtige Raupen, die sofort an den nächstgelegenen Süßgräsern (z. B. *Poa* oder *Festuca spp.*) zu fressen beginnen. Das Alter der Raupen misst man an den Häutungsstadien. Bis sie ihre endgültige Größe erreicht haben, müssen sie mehrmals ihre Haut wechseln; die neue wächst dabei unter der alten. Bei der Häutung schwillt das Tier an, bis die alte Haut platzt und es in der neuen daraus hervorkriecht. Die Zahl der Häutungsstadien ist bei manchen Arten ein fixes Merkmal. *Maniola halicarnassus* hat variabel fünf oder sechs Larvenstadien. Im Vergleich dazu: *M. jurtina* hat sechs, während die kleinere *M. telmessia* nur fünf hat.

♀

♂

Akbès-Ochsenauge

Maniola megala OBERTHÜR, 1909

Akbès meadow brown

Myrtil de Lesbos

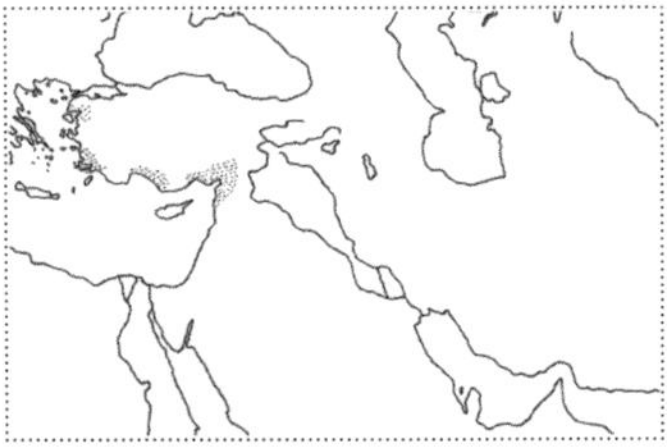

Das größte der sieben Ochsenaugen wurde 1909 von Charles Oberthür in der Provinz Hatay, nicht weit von Aleppo, beschrieben. Der Ort, von dem er die sieben Männchen und neun Weibchen, auf denen die Beschreibung basiert, gesammelt hat, heißt Akbès und liegt heute in Syrien. Oberthür schreibt, der gezackte Rand der Hinterflügel sei bei dieser Art ausgeprägter als bei den anderen Spezies der Gattung und die Weibchen seien dunkler gefärbt, »mit sehr wenig Gelb an der Oberseite und einem schwarzen Fleck im Subapikalbereich der Hinterflügel«. Dieser Fleck ist tatsächlich ein charakteristisches Merkmal, ebenso wie eine insgesamt dunklere Färbung, mit daraus klar hervortretenden Augenflecken. Die männlichen Duftschuppenfelder an der Vorderflügeloberseite sind ebenfalls recht ausgeprägt. Zur Ökologie des Akbès-Ochsenauges ist wenig bekannt; vermutlich durchläuft es ähnliche Stadien wie die anderen Arten des Genus und ernährt sich auch von denselben Gräsern.

Der *locus typicus* von *Maniola megala* war zu Oberthürs Zeit ein Trappistenkloster. Das überrascht nicht, denn er beauftragte des Öfteren Missionare, für ihn Schmetterlinge zu sammeln. Auf sein Konto gehen 45 Erstbeschreibungen von Insekten, der Großteil davon Schmetterlinge.

Charles war Sohn eines Druckereibesitzers in Rennes. Mit neun Jahren begann er, Insekten zu sammeln. Am Ende seines Lebens besaß er über 15 000 verglaste Kästen mit circa fünf Millionen Tieren.

♀

♂

Schwalbenschwanz

Papilio machaon LINNAEUS, 1758

Swallowtail

Machaon

Schwalbenschwänze legen oft Distanzen von mehreren Hunderten Kilometern zurück. Sie sind üblicherweise als Einzelgänger unterwegs. Um einander wiederzubegegnen, brauchen sie folglich einen Treffpunkt. Für diese wie auch andere vagante Arten bedeutet das, dass sie immer wieder zum höchsten Punkt in der Landschaft fliegen. Dieses Verhalten nennt man in der Fachsprache ›hilltopping‹. Je nach Topografie der Umgebung kann der Gipfel, den die Tiere so lange umfliegen, bis sie ein Männchen oder Weibchen gefunden haben oder sich das Wetter verschlechtert, eine hochalpine Bergspitze, ein Hügel in der Vorstadt Wiens oder im Berliner Grunewald sein.

Der Schwalbenschwanz gehört zu den Ritterfaltern, einer auf allen Erdteilen verbreiteten Familie mit den prächtigsten und farbigsten Schmetterlingen. Allen Ritterfaltern gemein ist eine Waffe, die sie im Raupenstadium tragen; eine ausstülpbare Nackengabel von alarmierend greller Farbe, in die bei Gefahr Lymphflüssigkeit gepresst wird, sodass sie hinter dem Kopf des Tiers in Erscheinung tritt. Um die abschreckende Wirkung dieses Accessoires zu unterstreichen, sendet die Raupe ein unangenehm riechendes Sekret aus und lässt damit etwaige Feinde, zum Beispiel Ameisen, die Flucht ergreifen.

Die Futterpflanzen der Raupen umfassen Apiaceae, also Doldengewächse, wie beispielsweise Engelswurz aber auch Riesenfenchel – nicht zu verwechseln mit dem Fenchel, den wir gerne im Risotto essen, der aber zur selben Familie gehört.

♀

♂

Apollofalter

Parnassius apollo LINNAEUS, 1758

Apollo
Appolon

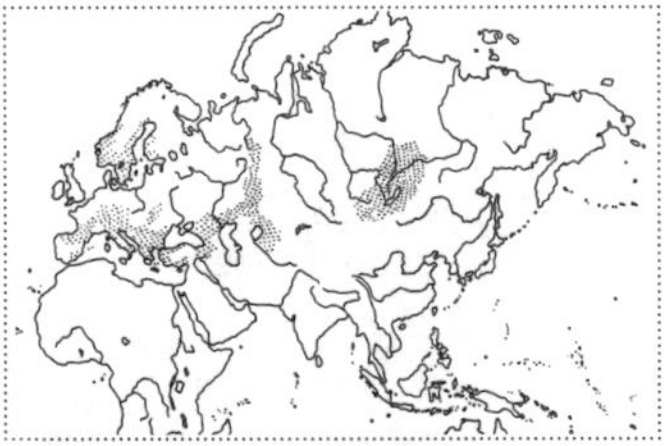

Schon der Name ist göttlich. Apollo, der Gott des Lichts, der Dichtkunst, des Gesangs, des Frühlings; Sohn der Göttin Leto und des Zeus, der auf dem Olymp hauste. Der Gattungsname kommt vom Berg Parnass in Mittelgriechenland, wo die Musen ihren Sitz hatten (oder haben?). Auch die antike Orakelstätte Delphi war Apollo geweiht. Der Name dieses Falters wird bis heute in der Form verwendet, die Linné 1756 ersann. Kaum jemand hat ihn je gesehen, viele kennen ihn vom Hörensagen. Mit einer Flügelspannweite von bis zu neun Zentimetern ist der Apollo einer der größten Falter Europas. Er kommt in allen größeren Gebirgsmassiven von Spanien bis Skandinavien und im Osten bis Sibirien vor, lebt in Höhenlagen oberhalb von 1000 Metern und steigt bis circa 2500 Meter hinauf, abhängig vom Vorhandensein der Futterpflanzen der Raupen: Weiße Fetthenne (*Sedum album*) oder Große Fetthenne (*Sedum telephium*).

In seinem extrem kalten Lebensraum überwintert der Apollo in der Eihülle. Die Raupe schlüpft im Frühjahr und frisst nur bei sonnigem Wetter. Bei schlechten Wetterbedingungen überdauert der Apollo auch bis zu zwei Jahre reglos in der Eihülle. Er verpuppt sich in einem hauchdünnen Kokon unter Steinen oder Moos.

Wegen seiner Seltenheit und der Fragilität seiner Lebensräume gilt er in Europa als stark bedroht und steht unter dem Schutz nationaler wie internationaler Gesetze. Einen Apollo zu fangen ist absolut verboten. Eidechsen oder Vögel meiden ihn wegen seiner Giftigkeit.

♀

♂

Aurorafalter

Anthocharis cardamines LINNAEUS, 1758

Orange tip

Aurore

Schon Ende März kann man bei gutem Wetter die ersten Aurorafalter beobachten. Die Männchen sind mit ihren orangefarbigen Flügelspitzen unverwechselbar. Die rein weiß gefärbten Weibchen ähneln anderen Weißlingsarten wie zum Beispiel dem Kohlweißling. Die Unterseite der Flügel gibt ihre Identität aber recht eindeutig preis. Wer diese Falterart züchten will, muss, um die Tiere zu füttern, den Rüssel mit einer feinen Nadel vorsichtig ausrollen und in Zuckerwasser tunken; dann beginnen sie zu saugen. Von selbst nehmen sie angebotenes Zuckerwasser nur selten auf.

Aurorafalter fliegen in einer Generation und sind in ganz Europa, ostwärts bis über den Nahen Osten nach Japan verbreitet. Sie überwintern als Puppen. Die Raupen ernähren sich von Wiesen-Schaumkraut (*Cardamine pratensis*) oder anderen Kreuzblütlern und sind Einzelgänger. Perfekt getarnt durch ihre Färbung sind sie kaum vom Stängel der Futterpflanze zu unterscheiden. Nach fünf bis sieben Wochen Fressphase verpuppt sich die Raupe und heftet sich in Bodennähe an eine Pflanze, meist die Futterpflanze, wo sie – wiederum hervorragend getarnt – wie ein Dorn oder ein Stück Holz wirkt. In diesem Stadium verharrt die Puppe die folgenden zehn Monate. In der ersten Wärmeperiode im Jahr danach schlüpft der Falter. Etwa Ende Mai kleben die befruchteten Weibchen ihre Eier einzeln an Blätter oder Stängel der Futterpflanzen. Aus dem Ei schlüpft nach ein paar Tagen das Räupchen, das sofort zu fressen beginnt.

♀

♂

Brombeer-Zipfelfalter

Callophrys rubi LINNAEUS, 1758

Green Hairstreak

Thécla de la ronce

Dieser Falter ist unwiderstehlich aufgrund seiner Farbe. Nicht nur die Raupen, auch die erwachsenen Tiere sind, mit geschlossenen Flügeln, smaragdgrün. Und dass, obwohl sie zur Familie der Bläulinge (Lycaenidae) gehören. Über das Grün zieht sich auf Vorder- und Hinterflügel eine gestrichelte helle Linie, wie skizzenhaft gezeichnet. Sind die Falter etwas älter, in der Fachsprache nennt man das ›abgeflogen‹, verblasst sie. Diese Linie ist bereits in den grünlich gefärbten Raupen angelegt, als zwei helle Streifen am Rücken. Aus diesen Streifen werden die Linien auf den Flügeln. Eine weitere Besonderheit ist der schon im Namen vertretene Zipfel, auf dem die Spitze des Hinterflügels zuläuft.

Sobald man von ihm weiß, müsste man ihn eigentlich überall sehen. Der Brombeer-Zipfelfalter ist weit verbreitet in allen Höhenlagen bis 2500 Meter. Die Tiere sind in jeder Hinsicht ziemlich flexibel und stellen keine großen Ansprüche an ihren Lebensraum. Als Raupen fressen sie an diversen Pflanzenarten, beispielsweise Sonnenröschen, Fingerkräutern, Ginster, Heidelbeeren oder Rauschbeeren; gerne ernähren sie sich von Blüten und jungen Früchten. Die Art überwintert als Puppe unter Steinen, Blättern, Moos oder an der Basis von Bäumen, Sträuchern oder zwischen den Futterpflanzen. Die Puppe kann leise Geräusche erzeugen, indem sie die letzten Segmente ihres Hinterleibs aneinanderreibt.[15] Wozu diese Geräusche dienen, ist noch unbekannt. Sie spielen eventuell eine Rolle bei der Abschreckung von Fressfeinden.

♀

♂

Zürgelbaumschnauzenfalter

Libythea celtis LAICHARTING, 1782

Nettle-tree butterfly

Échancré

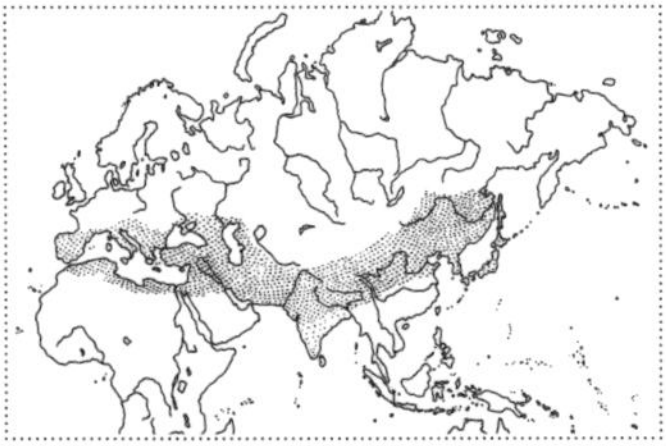

Sieht man ihn im Profil, zeigt er (oder sie, Weibchen können das genauso) etwas für das Falterwesen ganz Typisches: Während man ihn unter den Augen hat, bringt er sich zum Verschwinden; im Profil wird er zu einem welken Blatt mit dem Rest eines Stiels. Sobald sich die Flügel entfalten, verwandelt sich der Stiel in das, was bei Insekten ›Palpen‹ heißt: die Schnauze. Abgeleitet vom Lateinischen *palpare* (= streicheln, tasten), dienen die Palpen aber nicht zum Kauen, sondern sind beidseitig der Mundwerkzeuge angelegte Geschmacks- oder Geruchsorgane. Durch die auffallende Schnauze bekommt das Tier ein exotisches Aussehen. Diese Assoziation ist teilweise gerechtfertigt: Es ist im südlichen Teil Europas heimisch und noch weiter im Süden und Osten in Nordafrika, der Türkei bis hin nach Asien, dort, wo der Zürgelbaum (*Celtis australis*) wächst, der aufgrund der Form seiner Blätter auch Nesselbaum genannt wird. In Mitteleuropa erreicht die Art ihre nördliche Verbreitungsgrenze in Ungarn, Südösterreich, Südtirol, wo sie übrigens 1782 beschrieben wurde. Ebenfalls in Südtirol werden die Früchte des Zürgelbaums für Marmeladen und Schnaps verwendet. Der Falter ist weltweit nicht selten, aber meist nur sehr lokal zu beobachten; dann manchmal in größerer Zahl, weil sich die Tiere oft in Gruppen an feuchten Stellen des Bodens versammeln, um dort Wasser und die darin enthaltenen Mineralstoffe zu trinken. Jüngst wurden erstmals einige Individuen im botanischen Garten der Universität Wien beobachtet.

♂
♀

Kleiner Monarch

Danaus chrysippus LINNAEUS, 1758

Plain Tiger

Petit monarque

Europa liegt für den Kleinen Monarch nur am Rand seines Verbreitungsgebiets; in Indien und Afrika ist er jedoch einer der häufigsten Tagfalter. Dank seiner hervorragenden Flugfähigkeiten gelangt er von seiner eigentlichen Heimat bis an die Küsten des Mittelmeers. Grundsätzlich besiedelt er äußerst verschiedene Lebensräume, von Wüsten über Gärten bis zum Hochgebirge. Der Kleine Monarch lebt in mehreren Generationen pro Jahr und hauptsächlich an Seidenpflanzen (*Asclepias spp.*). Um seinerseits Fressfeinden zu entkommen, hat er eine besondere Strategie entwickelt: Die Raupen nehmen aus den Blättern, an denen sie fressen, giftige Stoffe auf, sogenannte Alkaloide (zu denen z. B. auch das Morphium gehört), und integrieren sie in ihren Körper. Der bittere Geschmack bleibt über die Metamorphose hinweg im Körper und so ist der Kleine Monarch auch im Falterstadium ungenießbar. Jedes Tier, das einmal ein Exemplar gekostet hat, merkt sich das und lässt alles, was ihm ähnelt, fortan in Ruhe. Monarche sind gegen Angriffe gewappnet. Sie können sich tot stellen und sondern dabei ein unangenehmes Sekret ab, das dem Angreifer die Beute verleidet.

Um Weibchen anzulocken, bedient sich der Kleine Monarch eines anderen Tricks. Die Männchen besitzen spezialisierte Duftschuppen an den Hinterflügeln, aus denen sie Sexualpheromone absondern. Am Ende des Hinterleibs können sie sogar Pinsel ausstülpen, die sie fächerartig ausbreiten. So verteilen sie bei den Werbeflügen um die Partnerin Gerüche, die sie überzeugen sollen.

♂
♀

Blauäugiger Waldportier

Minois dryas SCOPOLI, 1763

Dryad

Grand Nègre des bois

Die Raupe dieser Schönheit ernährt sich, wie alle europäischen Augenfalter, von Süßgräsern; beobachtet wurde der Waldportier beispielsweise an Pfeifengras (*Molinia caerulea*), Landreitgras (*Calamagrostis epigejos*) und Aufrechter Trespe (*Bromus erectus*). Der Falter fliegt in einer Generation von Ende Juni bis in den frühen September, sie finden sich an Waldsäumen oder auf Lichtungen, oft an feuchten Standorten. Die Räupchen überwintern, winzig, vor der ersten Häutung. Sobald das Gras im Frühjahr wieder sprießt, wachsen und fressen sie neuerlich. In den Jugendstadien sind sie tagaktiv und bis in den April an Gräsern gut zu beobachten; sind sie größer, werden sie nachtaktiv.

Der Verpuppung im späten Frühjahr geht ein besonderes Verhalten voraus: Die Raupe gräbt sich eine flache Grube, aus der dann der Falter schlüpft. Die Weibchen, an denen die deutlich größeren Augenflecken als an den Männchen auffallen, legen ihre Eier nicht an Futterpflanzen ab, sondern lassen sie einfach fallen. Der Waldportier ist in gemäßigtem Klima quer durch Europa verbreitet, von Nordspanien über Frankreich, Norditalien, Österreich, Süddeutschland bis in die europäische Türkei.

Seine Seltenheit liegt vermutlich teilweise darin begründet, dass er als Raupe an Pflanzen frisst, die nährstoffarme Böden bevorzugen. Solche Böden sind durch die allgegenwärtige Düngung rar geworden. Ein anderer Grund für seine Seltenheit ist eine zu frühe Mahd, bei der die jungen Raupen mit dem Heu abtransportiert werden.

♀

♂

Trauerfalter

Neptis rivularis SCOPOLI, 1763

Hungarian Glider

Sylvain des Spirées

Nicht zu verwechseln mit dem im Deutschen ähnlich benannten Trauermantel; zwei Falter für mitteleuropäische Melancholiker, zumindest unter den Dichtern. Nelly Sachs rief ihn in ihrem Gedicht *Chor der Schatten* aus dem Jahr 1961 als Zeugen gegen die Nazigräuel und den Holocaust auf. »O wir hilflosen Trauerfalter / eingefangen auf einem Stern, der ruhig weiterbrennt / wenn wir in Höllen tanzen müssen. / Unsere Marionettenspieler wissen nur noch den Tod.«

Er kann nichts für die Schwermut, die er erzeugt. Sein englischer Name *Hungarian Glider* sagt mehr über seine Lebensweise, für die der langsam schwebende Gleitflug in relativ großer Höhe bezeichnend ist.

Der Trauerfalter kommt in den Ostalpen, der südlichen Schweiz, Teilen Österreichs und südöstlich davon vor. Sein Hauptquartier liegt noch weiter südöstlich und erstreckt sich über China bis nach Japan.

Er saugt weniger an Blüten als an feuchten Stellen am Boden, wie der wissenschaftliche Name *rivularis* andeutet: Seine Ziele sind Uferböschungen oder überschwemmte Stellen, manchmal auch Exkremente von Vögeln.

Die Raupen fressen vor allem Rosengewächse oder Spiersträucher der Gattung Spiraea. Ihre Eier legen die Trauerfalter auffallend präzise an den Rand der Spitzen der Blätter der Futterpflanze, meist ans Ende der mittleren Blattader. Die Larven fressen sich dann entlang der Ader durch das Blatt. Sie überwintern manchmal in einer aus Blattresten geformten Röhre.

♂
♀

Trauermantel

Nymphalis antiopa LINNAEUS, 1758

Camberwell Beauty

Morio

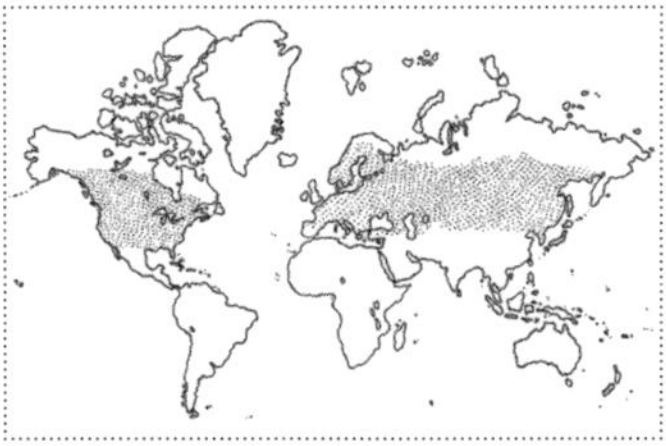

»Sinnend blick' ich dir nach, / Du dunkel Geflügelter! / Ach, wie so ganz / Gleicht meine Seele dir«, schreibt der Wiener Dichter Ferdinand von Saar (1833–1906), ein Vertreter des sogenannten österreichischen Realismus, über den Trauermantel. Sein Kollege Gustav Falke aus Lübeck hat ähnliche Assoziationen. Bei ihm erbleichen sogar die Blumen beim Anblick des Tiers: »Einsamer Mohn glühte am Grabenrand, / Ein Falter zog um ihn zitternde Ringe. / Ein Trauermantel. Sonnig lag das Land, / Der einzige Schatten war die schwarze Schwinge / Des dunklen Gauklers dort, der um die Glut / Des roten Mohns, ein traumhaft Wesen, flog. / Und mählich schien es mir, als ob das Blut / Der Blume aus den Wangen wich; sie zog / Erblassend, welkend, sich in sich zusammen / Doch immer noch um die erloschnen Flammen / Zuckten die schwarzen Flügel, bis ein Wind, / Der übern Weg lief, sie ins Feld entführte.«

Seinem schlechten Ruf zum Trotz zählt der Falter mit seiner weinroten, blau gefleckten Oberseite mit hellgelbem Saum zu den schönsten in Mitteleuropa. Er ist ein Wanderfalter, ein ausgezeichneter Flieger. Gleich nach dem Schlüpfen bricht er auf. Folglich findet man ihn in den unterschiedlichsten Gegenden bis in Höhen über 2000 Meter.

Seine Eier legt er in Flusstälern; die Raupen entwickeln sich innerhalb von seidigen Netzen, die sie um sich und um einige Blätter spinnen. Die Tiere überwintern als Adulte an dunklen Orten wie ausgehöhlten Baumstümpfen oder Dränageröhren von Straßen. Als Falter saugen sie oft an Baumsäften, Fallobst oder überfluteten Stellen am Boden.

Kardinal

Argynnis pandora DENIS & SCHIFFERMÜLLER, 1775

Cardinal
Cardinal

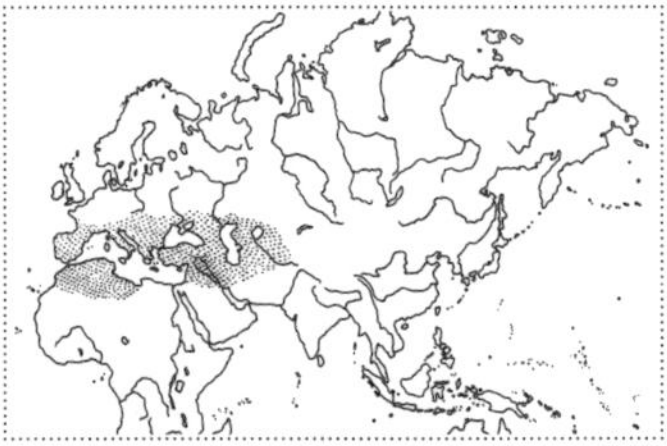

Die Raupen des Kardinals sind auf ein romantisches Futter spezialisiert; sie fressen an Veilchen und Stiefmütterchen. Das Weibchen legt die Eier auf die Blätter der Futterpflanzen oder in deren Nähe. Die kleinen Räupchen verzehren die Eischale und überwintern im ersten Larvenstadium ohne zusätzliche Nahrung zu sich genommen zu haben. Der Lebensraum des Kardinals sind offene Wälder und Lichtungen lockerer Nadelwälder mit reichem Nektarangebot; Falter trinken gierig an Disteln, Flockenblumen und anderen Korbblütlern (Asteraceae).

Die Art ist in Süd-, West- und Osteuropa verbreitet wie auch in Nordafrika, Russland, dem Mittleren Osten und Asien und erstreckt sich dort bis zum Himalaja. In Mitteleuropa ist der Kardinal ein seltener Gast, aus Süddeutschland sind nur Einzelfunde bekannt, in Österreich und der Schweiz ist er gleichfalls nur als Zuwanderer gesichtet worden.

Kardinäle fliegen von Mai bis September in einer Generation und neigen zu kurzen Wanderungen. In heißen Sommern ziehen sie sich ins Gebirge zurück. Der Kardinal kann mit dem Kaisermantel verwechselt werden, unterscheidet sich von jenem aber durch den gelbgrünen Schimmer auf der Oberseite und dem Kardinalrot auf der Vorderflügelunterseite. Der Name stammt von der Farbe der Knöpfe auf der Soutane der katholischen Kardinäle. Der rote Farbstoff wurde einst aus Purpurschnecken hergestellt, zur Gewinnung eines Gramms waren etwa achttausend Schnecken notwendig. Diese Kostbarkeit unterstrich die Ehrwürdigkeit der Kardinäle.

♀

♂

C-Falter

Polygonia c-album LINNAEUS, 1758

Comma butterfly

Robert-le-Diable

Seinen deutschen Namen hat das Tier von einem deutlich sichtbaren, metallisch glänzenden Fleck an der Unterseite des Hinterflügels, der wie der Buchstabe C geformt ist oder, wie man im englischsprachigen Raum assoziiert, wie ein Komma.

C-Falter sind in ganz Europa häufig. Dank ihrer perfekten Tarnung werden sie trotzdem meist übersehen. Sitzt der Falter zusammengeklappt, ähnelt er mit seinen ausgefransten Flügelrändern einem welken Blatt. Diese Art fliegt in zwei, im Mittelmeerraum sogar in drei Generationen; die Sommerform ist hellbraun, die Winterform deutlich dunkler. Der Wechsel der Flügelfarbe wird durch die Zahl der Lichtstunden pro Tag während des Raupen- bzw. Puppenstadiums verursacht. Die den Winter überdauernde Generation ist mit der dunkleren Färbung besser getarnt. An den ersten warmen Tagen im Frühjahr kann man die aus der Winterstarre erwachten Falter an blühenden Weidenkätzchen beobachten, später im Jahr saugt die folgende Generation an Fallobst oder nektarreichen Gartenpflanzen wie dem Sommerflieder. Die erste Generation lässt sich von Juni bis August beobachten, die zweite von Mitte August bis zum folgenden Frühjahr. An Standorten, wo die Flugperiode bis Ende Oktober dauert, entstehen im Sommer zwei hell gefärbte Generationen.

Die Futterpflanzen betreffend sind die Raupen nicht heikel. Sie kommen gern in der Nähe menschlicher Siedlungen vor und leben unter anderem von Brennnesseln, Weiden, Hopfen und Haselstauden.

♀

♂

Heller Wiesenknopf-Ameisenbläuling

Maculinea teleius BERGSTRÄSSER, 1779

Scarce large blue

Azuré de la sanguisorbe

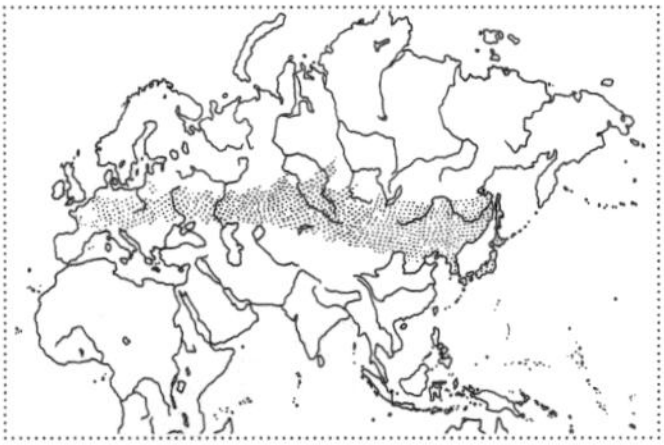

Diese Schmetterlinge werden als junge Raupen von Ameisen adoptiert. Arbeiterinnen bestimmter Ameisenarten, vor allem der Trockenrasen-Knotenameise (*Myrmica scabrinodis*), sammeln sie auf und tragen sie in ihre Nester. Dort versorgen sie sie besser als die eigene Brut: Den Raupen werden Ameisenlarven gefüttert. Sie überdauern den Winter im Ameisennest, verpuppen sich dort und schlüpfen im Frühsommer des Folgejahres. Um ein Individuum einer Bläulingsraupe zu versorgen, sind mehr als dreihundert Arbeiterinnen nötig. Ameisen, die sich derart gefräßige Gäste ins Nest holen, werden in der Fachsprache ›Wirtsameisen‹ genannt, weil sie eine Art Gasthaus betreiben.

Die Weibchen des Falters legen ihre Eier einzeln an Blüten des Großen Wiesenknopfs (*Sanguisorba officinalis*). Die frischgeschlüpften Räupchen sind purpurrot wie die Blüten, in die sie sich hineinbohren, um von innen heraus daran zu fressen. Nach der dritten Häutung, im Herbst, ziehen sie von den Blüten in die Nester der Wirtsameise.

Der Ameisenbläuling kommt auf feuchten Wiesen, in Mooren oder Quellwiesen vor – solange sie spät genug gemäht werden, sodass sich die jungen Raupen in den Wiesenknöpfen entwickeln können, bevor die Blüten geschnitten werden. Er ist einer der seltensten Schmetterlinge Europas. Beachtet man seine komplizierte Biologie, überrascht das kaum. Die Art steht auf den Roten Listen Deutschlands, Österreichs und ist auch von EU-Naturschutzgesetzen streng geschützt.

♀

♂

Weißpunktierter Mohrenfalter

Erebia claudina BORKHAUSEN, 1789

White speck ringlet

Moiré de Carinthie

Seit ihrer Beschreibung 1789 ist diese Art bisher nur in Österreich, in Höhenlagen von 1800 bis 2300 Metern, beobachtet worden. Drei bis fünf weiße Punkte auf der Oberseite des Hinterflügels unterscheiden sie eindeutig von den anderen Mohrenfaltern.

Das Tier hat einen zweijährigen Entwicklungszyklus. Den ersten Winter überdauern die Raupen im ersten oder zweiten Häutungsstadium, erst nach dem zweiten Winter verpuppen sie sich. Sie ernähren sich von Süßgräsern, vor allem von der Rasen-Schmiele (*Deschampsia cespitosa*), einem sogenannten Horstgras. Bei Horstgräsern stehen viele Triebe eng nebeneinander in einem deutlich abgegrenzten Schopf. Sie sind an mikroklimatische Extrembedingungen hervorragend angepasst, weil die neuen Knospen innerhalb des Horsts geschützt sind.

Der Weißpunktierte Mohrenfalter fliegt in einer Generation von Juli bis August, je nach Witterung. In manchen Jahren kann die Flugzeit wetterbedingt auf wenige Tage beschränkt sein. Die Falter fliegen gern in nektarreichen Weiden oder Matten, nicht zu trocken und nicht zu nass, angrenzend an Wälder, beispielsweise Lärchenwald, oder Gegenden mit einem gewissen Buschbestand.

Die Eier sind weiß und rund. Die nach wenigen Tagen schlüpfenden Raupen sind anfänglich hellbraun und werden bis zur Verpuppung deutlich dunkler. Die Raupe ist in älteren Wachstumsstadien nachtaktiv und verpuppt sich in einem Gespinst dicht am Boden.

♀

♂

Hochalpiner schillernder Mohrenfalter

Erebia nivalis LORKOVIC & DE LESSE, 1954

De Lesse’s brassy ringlet

Moiré du nardet

Unter allen Faltern die geduldigsten, so man bei Faltern von Geduld sprechen möchte, sind gewiss die hochalpinen Mohrenfalter. Diese Art wurde erst 1954 beschrieben und trägt in der englischen Bezeichnung den Namen ihres Entdeckers. Ihr Langmut tritt hervor, indem die Raupe zwei Jahre lang Gras frisst, bevor sie sich verpuppt. Sie bevorzugt horstbildende Gräser wie beispielsweise den Niedrigen Schwingel (*Festuca quadriflora*), der, wie der Falter, nur oberhalb der Waldgrenze vorkommt.

Aufgrund der extremen Witterungsverhältnisse in Höhen oberhalb von 2100 Metern benötigt die Raupe zwei Jahre, bis sie genug gefressen hat, um ein Falter werden zu können. Da die Wiesen in diesen Höhenlagen den Großteil des Jahres schneebedeckt bleiben, ist das Tier zu ebenso langer Winterruhe gezwungen.

Zu den Lebensräumen von *Erebia nivalis* gehören spärlich bewachsene alpine Hänge mit felsigen Stellen. Das Gelände kann, zur Erschwernis für die Schmetterlingsforscherin, die ihr hinterher klettert, durchaus steil sein.

Dieser Mohrenfalter ist in seiner Verbreitung auf die europäischen Zentralalpen begrenzt und kommt vor allem in Österreich vor.
Weiter findet er sich im Berner Oberland und an einigen Stellen in den nordostitalienischen Hochalpen. Gefährdet sind seine Lebensräume durch intensiven Tourismus, insbesondere Skipisten und die zugehörige Infrastruktur.

♀

♂

Rundaugenmohrenfalter

Erebia medusa DENIS & SCHIFFERMÜLLER, 1775

Woodland ringlet

Moiré franconien

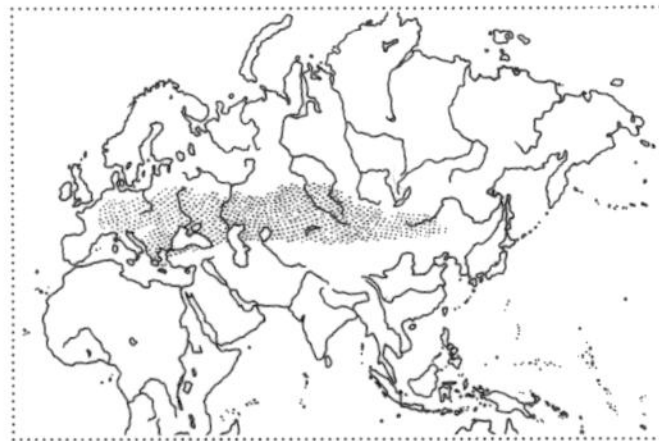

Der erste Mohrenfalter im Jahresverlauf ist der Rundaugenmohrenfalter. Er ist daran zu erkennen, dass die Musterung der Flügelunterseite der der Oberseite gleicht. Die Art kommt nicht nur im Oberland, sondern auch in niedrigeren Lagen vor; in verschiedensten Habitaten, auf mageren Wiesen wie blumenreichen Weiden oder farnreichen Stellen in Waldnähe. Bevorzugt werden Standorte mit einem gewissen Saumcharakter. Durch ihre Vielseitigkeit ist *Erebia medusa* in Europa weit verbreitet. Ihr Gebiet zieht sich vom Osten Frankreichs über Mitteleuropa bis nach Sibirien und die Mongolei; nur im äußersten Norden und in Spanien kommt sie nicht vor. In den Nordalpen bleibt sie eher in Tallagen, während sie in den Südalpen höher hinaufsteigt; in Griechenland am Olymp und im Pindosgebirge sogar bis über 2 000 Meter.

Die Entwicklung vollzieht sich meist innerhalb eines Jahres, nur unter besonders schlechten Bedingungen benötigt die Raupe zwei Jahre bis zur Verpuppung. Sie überwintert in fast ausgewachsenem Zustand und verpuppt sich im Frühjahr in einem Nest aus locker versponnenen Grashalmen. Die Eier werden an Grashalmen abgelegt. Auch der Rundaugenmohrenfalter ernährt sich von Gräsern wie Schafschwingel (*Festuca ovina*) oder Aufrechter Trespe (*Bromus erectus*). Kurz vor dem Schlüpfen kann man bei dieser Mohrenfalterart die Flügelzeichnung durch die transparent werdende Puppenhülle hindurchsehen.

Eine Anekdote: Der Typenfund von *Erebia medusa,* nach dem sie 1775 beschrieben wurde, stammt aus Wien.

♀

♂

Eismohrenfalter

Erebia pluto DE PRUNNER, 1798

Sooty ringlet

Moiré velouté

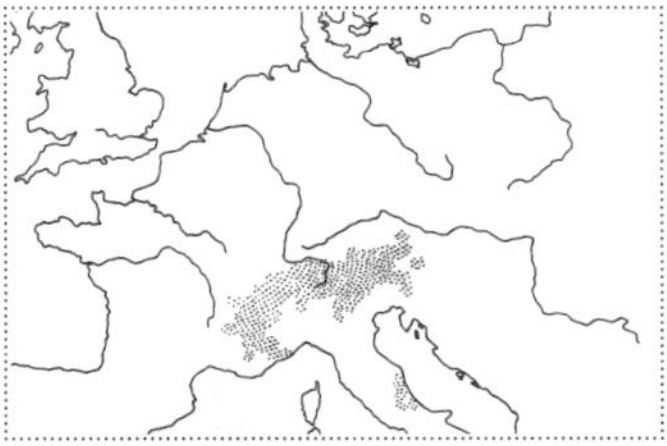

Der englische Name beschreibt ihn ganz gut. ›Rußig‹ entspricht dem Habitus dieses Tieres, viele Exemplare sind schwarz, ohne Augenflecke. Der Eismohrenfalter lebt in den Zentralalpen und am Apennin, in bis zu 3 000 Metern Höhe, und im Grunde schlicht zwischen Steinen, manchmal auf alten Böden, von denen sich der Gletscher zurückgezogen hat. Die Entwicklung verläuft wie bei vielen Mohrenfaltern zweijährig. Wer die kargen, für den Menschen schwer zugänglichen Felsfluren betritt, fragt sich, was die Raupen hier fressen. Offensichtlich spüren sie jedoch auch im spärlich bewachsenen Schutt immer noch den einen oder anderen Schwingel (*Festuca spp.*) oder ein Rispengras (*Poa spp.*) auf. Die Flugzeit der Falter beginnt, je nach Ausaperung des Standorts, ab Mitte Juni.

Elegant segeln die Männchen auf der Suche nach den weniger aktiven, meist zwischen Felsen sitzenden Weibchen paragleitergleich über Geröllfelder. Der Flugstil ist charakteristisch für diese Art. Glücklich schätze sich, wer ihn sieht, denn der Eismohrenfalter kommt nur äußerst lokal vor. Die Eier sind oval und gerippt, anfangs hellgelb, kurz vor dem Schlüpfen fast bläulich. Sie werden einzeln auf Steine abgelegt. Die Raupen verpuppen sich in den Gespinsten darunter. Bei starker Bewölkung sitzen die Falter mit offenen Flügeln auf Steinen oder Felsen, um sich aufzuwärmen. Manchmal saugen sie an feuchten Erdstellen.

♀

♂

Anmerkungen

1 Aristoteles, zit. nach Wilhelm Capelle: »Das Problem der Urzeugung bei Aristoteles und Theophrast und in der Folgezeit«, in: *Rheinisches Museum* 98 (1955), S. 150–180, hier S. 154 f.

2 Maria Sibylla Merian: *Das Insektenbuch. Metamorphosis insectorum Surinamensium,* Frankfurt am Main 1992 [urspr. Amsterdam 1705].

3 Ljudmila Ulitzkaja: *Die Kehrseite des Himmels,* aus dem Russischen von Ganna-Maria Braungardt, München 2015, S. 26.

4 Vladimir Nabokov: *Die Gabe,* aus dem Russischen von Annelore Engel-Braunschmidt, in: *Gesammelte Werke,* Band V, Reinbek 1993, S. 254.

5 Vgl. Brian Key: »Why fish (likely) don't feel pain«, online abrufbar unter *https://scientiasalon.wordpress.com/2015/02/05/why-fish-likely-dont-feel-pain* (letzter Zugriff 22. Januar 2016), Übersetzung durch die Autorin.

6 Bjarte Bye Løfaldli, Pål Kvello et al.: »Activity in neurons of a putative protocerebral circuit representing information about a 10 component plant odor blend in Heliothis virescens«, in: *Front. Syst. Neurosci* 27. September 2012, online abrufbar unter *http://dx.doi.org/10.3389/fnsys.2012.00064* (letzter Zugriff 22. Januar 2016).

7 Hannah Arendt: *Wahrheit gibt es nur zu zweien. Briefe an die Freunde,* München 2013, S. 99.

8 Linda Maria Koldau: *Teresa von Avila. Agentin Gottes. Eine Biographie,* München 2014, S. 141 ff.

9 Stephen Jay Gould: »Zealous Advocates«, in: *Science* 176 (1972), S. 623–625.

10 Ernst Mayr: *Systematics and the Origin of Species,* New York 1942.

11 Richard Abbott et al.: »Hybridization and speciation«, in: *Journal of Evolutionary Biology* 26 (2013), S. 229–246.

12 Boris Groys: *Die Kunst des Denkens,* Hamburg 2012, S. 7 ff.

13 Vgl. Dubi Benyamini: »Is *Euchloe falloui* Allard, 1867 (Pieridae) the Butterfly with the Longest Diapause?« in: *Nota lepidopterologica* 31 (2008), S. 293–295, hier S. 293.

14 Vgl. Elena Haeler, Konrad Fiedler, Andrea Grill: »What Prolongs a Butterfly's Life? Trade-Offs between Dormancy, Fecundity and Body Size«, in: *PLoS ONE* 9 (11), online abrufbar unter *http://journals.plos.org/plosone/article?id=10.1371/journal.pone.0111955* (letzter Zugriff 25. Januar 2016).

15 John Downey: »Sound production in pupae of Lycaenidae«, in: *Journal of The Lepidopterists' Society* 20, № 3 (1966), S. 129–155, online abrufbar unter *http://images.peabody.yale.edu/lepsoc/jls/1960s/1966/1966-20%283%29129-Downey.pdf* (letzter Zugriff 26. Januar 2016).

Abbildungsverzeichnis

Seite 60 *Der Schmetterlingsfänger.* Carl Spitzweg, 1840.

Seite 65 *Hippocrepis comosa.* Nikolaus Joseph von Jacquin: Florae Austriacae, Wien 1778.

Seite 68 *Tafel 6.* J. Rothschild (Hg.): Musée entomologique illustré: Histoire naturelle iconographique des insectes, Paris 1876–1878.

Seite 73 *Tafel XLV.* August Johann Rösel von Rosenhof: De natuurlyke historie der insecten, Haarlem 1764–1768.

Seite 80 *Saisondimorphismus bei Schmetterlingen.* R. Hesse und F. Doflein: Tierbau und Tierleben in ihrem Zusammenhang betrachtet, Leipzig und Berlin, 1910–1914.

Seite 87 *Admiral.* Jacob Hübner: Das kleine Schmetterlingsbuch, Leipzig 1934.

Seite 90 *L'Écaille chinée.* Paul-A. Robert: Les papillons dans la nature, Neuchâtel 1934.

Seite 95 *Kohl- und Rübenweiß-ling.* Jacob Hübner: Das kleine Schmetterlingsbuch, Leipzig 1934.

Seite 101 *Mycalesis VIII.* William C. Hewitson: Illustrations of new species of exotic butter-flies, London 1853.

Seite 102 *Heliconia.* William C. Hewitson: Illustrations of new species of exotic butterflies, London 1853.

Seite 109 *Stilleven met bloemen in een glazen vaas* (Detail), Jan Davidsz. de Heem, 1650–1683.

Seiten 115–119, 125–155 Illustrationen von Richard Lewington, Collins Butterfly Guide 2008.

Seiten 121, 123 Illustrationen von Falk Nordmann, Berlin 2016.

Andrea Grill studierte Biologie in Salzburg und promovierte an der Universität Amsterdam zur Evolution endemischer Schmetterlinge Sardiniens. Sie schreibt Romane, Essays und Gedichte, arbeitet als Übersetzerin aus dem Albanischen und forscht und lehrt an der Universität Wien im Fach Evolutionsbiologie.

NATURKUNDEN № 23
Erste Auflage Berlin 2016

NATURKUNDEN
herausgegeben von Judith Schalansky
erscheinen bei Matthes & Seitz Berlin
ermöglicht durch Jan Szlovak, Hamburg

EINBAND UND TYPOGRAFIE Pauline Altmann, Berlin
nach einem Entwurf von Judith Schalansky
TITELILLUSTRATION Pauline Altmann, Berlin;
nach Meadow brown, female aus: W. S. Coleman,
British butterflies, London 1895
SCHRIFT Ingeborg von Michael Hochleitner/Typejockeys
LITHOGRAFIE Tomas Mrazauskas, Berlin
HERSTELLUNG Hermann Zanier, Berlin
PAPIER 90 g/m² Fly 04 hochweiß, 1,2 faches Volumen
EINBANDMATERIAL Napura® Khepera von
Winter & Company GmbH, Lörrach
DRUCK UND BINDUNG Pustet, Regensburg

ISBN 978-3-95757-249-3

www.naturkunden.de
www.matthes-seitz-berlin.de